家有小学生的营养早餐

巩宏斌 ◎主编
参编人员：郭晓薇　陈利　阚翊宁　李华英　钱丰　胡海云

黑龙江科学技术出版社
HEILONGJIANG SCIENCE AND TECHNOLOGY PRESS

图书在版编目（CIP）数据

家有小学生的营养早餐 / 巩宏斌主编 . -- 哈尔滨：
黑龙江科学技术出版社，2019.5
ISBN 978-7-5388-9942-9

Ⅰ . ①家… Ⅱ . ①巩… Ⅲ . ①儿童－保健－食谱
Ⅳ . ① TS972.162

中国版本图书馆 CIP 数据核字 (2019) 第 024377 号

家有小学生的营养早餐
JIA YOU XIAOXUESHENG DE YINGYANG ZAOCAN
巩宏斌 主编

项目总监 薛方闻
责任编辑 宋秋颖
策　　划 深圳市金版文化发展股份有限公司
封面设计 深圳市金版文化发展股份有限公司
出　　版 黑龙江科学技术出版社
地址：哈尔滨市南岗区公安街 70-2 号 邮编：150007
电话：（0451）53642106 传真：（0451）53642143
网址：www.lkcbs.cn
发　　行 全国新华书店
印　　刷 深圳市雅佳图印刷有限公司
开　　本 723 mm × 1020 mm 1/16
印　　张 14
字　　数 240 千字
版　　次 2019 年 5 月第 1 版
印　　次 2019 年 5 月第 1 次印刷
书　　号 ISBN 978-7-5388-9942-9
定　　价 49.80 元

CONTENTS／目录

Chapter

1

营养早餐，小学生的活力之源

Chapter
2

促进食欲，吃饭香，长得壮

Chapter
3

益智健脑，让孩子成为小小“智多星”

Chapter 4

促进生长发育，成就“小超人”

Chapter

5

提高免疫力，孩子少生病

Chapter
6

轻装上阵，消除视力疲劳

Chapter
7

摆脱过胖或者过瘦的烦恼，吃出健康好身体

Chapter 8

备战考试，旗开得胜

Chapter
9

早餐之外的加餐，主动为孩子准备健康零食

Chapter 1

营养早餐，小学生的活力之源

早餐是一天中最重要的一餐。
一觉醒来，我们体内储存的糖原已经消耗殆尽，应及时补充，以免出现血糖过低。
对于小学生来说，
不吃早餐或吃得不科学，都会影响身体健康。
因此我们必须重视对早餐的营养搭配，
让这些食物在早晨时就给身体补足了营养，
为小学生一整天的学习生活注入营养和活力！

小学生营养摄取是否均衡调查表

一日三餐与人体健康有着密切的关系。小学生的消化系统结构和功能还处于发育阶段，三餐合理有助于小学生的健康。一日三餐时间应相对固定，保证早餐、午餐和晚餐营养均衡、数量适宜。

check!

你家的小学生每天的饮食是否做到了营养均衡呢？以下问题可以帮助你检查哦！请回顾小学生最近三个月以来的饮食内容，请为下列问题填上最符合现状的数字。

1：经常

2：偶尔

3：很少

A.每天有谷类且其中有全谷物或杂豆。	□
B.每天有薯类。	□
C.每餐有蔬菜。	□
D.每天有水果。	□
E.每天有畜禽肉。	□
F.每天有水产品。	□
G.每天有一个鸡蛋。	□
H.每天有一杯奶或奶制品。	□
I.每周有大豆及其制品。	□
J.每天饮水1000毫升。	□
K.每天早餐有鱼、禽、肉、蛋等食物，如蛋、猪肉、牛肉、鸡肉等。	□
L.每天早餐有奶及其制品、豆类及其制品，如牛奶、酸奶、豆浆、豆腐脑等。	□
M.每天早餐有新鲜蔬菜水果，如菠菜、西红柿、黄瓜、苹果、梨、香蕉等。	□

填上“1”较多者：你家小学生的饮食很理想！

填上“2”较多者：你家小学生的饮食需要改进，赶快看看还可以为他们的早餐和食物做出哪些改变！

填上“3”较多者：你家小学生的饮食急需改进，最好采取渐进式的方式调整一下菜谱，明确小学生的早餐宜忌，为小学生科学、营养地配餐。

小学生的营养和膳食特点

小学生在各方面所需的营养素都有其各自的特点，不可把成人的一套标准强加于他们身上，而应该在充分了解其生长发育特点的基础之上，对症下“药”，补其不足，去其所余，让小学生行走在健康的轨道上。

为了满足小学生生长发育所需要的营养，父母必须充分考虑发育期小学生的生理特点和生长速度，根据新陈代谢情况和运动量的大小来科学安排其膳食。

由于发育期的小学生需要的优质蛋白质比较多，所以需经常摄入一些富含优质蛋白质的食物，如禽畜肉、蛋、奶、鱼、豆制品等，同时要适当补充一些脂肪和糖类食物。小学生正处于迅速发育阶段，对维生素、钙等营养要求较高，这个时期应注意膳食的多样化，且量要充足，做到营养平衡合理，可适当地补充钙、铁、锌等矿物质。同时要引导孩子吃粗细搭配的多种食物，并应避免养成偏食、挑食等不良习惯。另外，这一阶段的小学生应保证充足的水量，控制含糖饮料和糖果的摄入。

“早餐要吃好，午餐要吃饱，晚餐要吃少。”早餐是一日三餐中最重要的一餐，营养丰富的早餐，不仅能为人体供给充足的能量，而且有益于身体健康。营养学家建议，早餐应摄取约占全天所需总热能的30%，午餐约占40%，晚餐约占30%。

类别	提供的营养素	专家提醒
五谷杂粮类	磷、钾、钙、铁、B族维生素、维生素E、蛋白质、脂肪、膳食纤维、糖类、植化素	小学生获得能量的来源主要来自于这些食物
蔬菜菌菇类	维生素C、膳食纤维、植化素、镁、钾、铁、钙	据报道，人类所需的九成维生素C、六成维生素A原来自蔬菜。选用当季的蔬菜菌菇食用为佳
畜禽蛋类	蛋白质、B族维生素、维生素D、铁、锌、镁、脂肪	小学生成长阶段肉食所占的比重较大，红肉相对白肉脂肪含量高，因此宜多吃白肉，少吃红肉，低脂、高蛋白的禽肉是首选
水产类	磷、钙、锌、硒、碘、蛋白质、脂肪、维生素A、维生素D、维生素E、维生素B_1、维生素B_2、维生素B_{12}	水产鱼类对大脑的发育很有帮助，因此小学生应摄取一定的水产类食物，促进大脑发育，增强记忆力
水果及坚果类	维生素E、维生素C、维生素A原、膳食纤维、矿物质	水果含有有机酸和芳香物质，在促进食欲、帮助营养物质吸收方面具有重要作用
乳制品类	钙、蛋白质、维生素A、维生素B_2、维生素B_{12}、维生素D、糖类、脂肪	小学生的成长少不了钙，牛奶、奶酪及其他低脂制品都是较好的钙质来源
油脂类	脂肪，包括必需脂肪酸、卵磷脂、胆固醇，维生素E、矿物质	选择不饱和脂肪酸为主的植物油烹调食物，如橄榄油、葵花油、大豆油等，并以少量使用为宜

均衡营养，合理搭配早餐

俗话说“一日之计在于晨”，对还在上小学的孩子们来说，早餐作为一天中的第一餐，其营养搭配不可小看。一顿暖暖的营养早餐，可以让小学生及时补充身体需要的能量，精神满满地开启一天的学习生活。

经过一个晚上的休息，之前所吃的食物都已经消化吸收了，此时如果能吃好早餐，补充能量物质，有利于学习。如果没有进食早餐，体内无法供应足够血糖，大脑会处于缺乏营养的状态，人会感到倦怠，精力无法集中、精神不振、反应迟钝。长此以往，会对大脑造成巨大的伤害。

一顿营养均衡的早餐能满足小学生全天约30%的能量需求，家长们一定要足够重视早餐对小学生的重要性，坚持让孩子每天吃早餐。早餐可遵循粗细搭配、荤素搭配、干稀搭配等原则合理搭配。早餐种类少，结构不合理，不但会影响到营养素摄入的均衡，还影响到消化吸收，进而影响发育与健康。

粗细搭配

现在大部分家庭的早餐习惯于选用精制面食，比如面包、蛋糕、点心等，但是要知道长期食用这些食物对人体健康是个考验，这些食物更可能成为将来患上糖尿病等代谢疾病的元凶。因此，在早餐食物的选择方面，精制面食应搭配一些血糖生成指数低的食物，比如燕麦、荞麦等。

荤素搭配

大多数中国家庭的早餐都吃得清淡。馒头、稀粥配咸菜，是典型的中式早餐。其实早餐不宜吃得太素，如果长期早餐缺乏脂肪和蛋白质，胆囊炎和胆结石可能会找上门。

营养专家指出，经过一夜的睡眠，相距前一天的晚餐，人体已经超过10小时没有进食，此时胆囊内充盈了急需排出的高浓度胆汁。胆囊排出胆汁需要的条件比较特殊，必须在小肠内有脂肪时，才会向胆囊发出指令，胆囊收到指令后进行收缩，挤出胆汁进入肠道。如果早餐只选择谷物、蔬菜、水果，而缺少脂肪和蛋白质类食物，那么胆囊就可能结石，或引发胆囊炎。因此，荤素搭配的早餐最有利于人体健康。鸡蛋营养丰富，同时脂肪含量约10%，是上佳之选。另外，切几片肉佐餐，或者在小菜中拌勺植物油，都是帮助胆汁排出的好办法。

干稀搭配

如果早餐主食是干的，那么就应该搭配一些诸如稀饭、牛奶、豆浆之类的食物，这样不但可以促进消化，而且能为身体补充水分，排出废物，降低血液的黏稠度。

四类食物不能少

营养早餐应包括四大类的食物，即谷类、肉蛋类、奶类、蔬菜水果类。每天能吃到包含这四类食物的早餐，才能保证营养均衡；若只含其中三类，可以算是合格的早餐。而如果只含有其中两类或是更少，时间长了孩子容易出现营养不良的现象。

牛奶加鸡蛋虽好，但必须添加米饭、馒头等谷物类食物和蔬菜水果。如果只有牛奶和鸡蛋，这是不合格的早餐。每种食物都有它的营养价值，只有合理的搭配，才能被人体最大程度地吸收和利用。

宜软不宜硬

早餐不宜进食油炸、干硬以及较刺激的食物，否则容易导致消化不良。早餐宜吃容易消化的温热、柔软的食物，如牛奶、豆浆、面条、馄饨等，当然最好能喝点粥。

宜少不宜多

早餐摄入的能量应占到全天摄入总能量的30%，一般吃到七分饱即可。饮食过量会增加胃肠的负担，久而久之，会使消化功能下降，胃肠功能发生障碍而引起胃肠疾病。

专家提醒

一定的用餐时间和地点

除了合理的食物搭配，吃早餐时间的长短也直接影响早餐摄入的食物种类和早餐营养的消化吸收。据2016版《中国居民膳食指南》，建议食用早餐所用时间最好能保证在15~20分钟，更建议在餐桌前专心用餐，促进食物更好地消化与吸收。

合理用餐，莫入“雷区”

现代的“快节奏生活”让小学生的生活节奏也快了许多，怕迟到、方便省事等是大多数家长和学生选择在外吃早餐的理由。但是，这样孩子们很可能面临着这些问题：早餐吃得太少，很快就觉得饿了；吃得太多，上午都在昏昏欲睡；吃得太急、太油，肠胃会不舒服等。

忌早晨一醒就吃早餐

早餐的最佳时间是7~8时。人体经过一夜的睡眠，绝大部分器官都得到了充分休息，但消化器官直到早晨才渐渐进入休息状态。如果早餐吃太早，就会干扰胃肠的休息，使消化系统长期处于疲劳运转的状态，扰乱肠胃的蠕动节奏。7时左右起床后活动20～30分钟再吃早餐最合适。这时不但食欲最旺盛，而且胃肠已经完全苏醒，如果在这时进食早餐能高效地消化、吸收食物的营养，为人体补充上午所需的能量。

专家提醒

吃早餐前先喝水

早晨起床后，人体处于一种生理性缺水状态，这是因为人体经过一夜的睡眠后，在呼吸、消化方面消耗了大量的水分和营养。因此，早上起来不要急于吃早餐，而应该在进食早餐前喝温开水。建议小朋友们早晨起来先喝300毫升温开水，这样既可补充一夜流失的水分，又可以清理肠道。

忌早餐营养过盛

重视早餐的营养是好事，但是有些人早餐食物过于丰富，喜欢吃一些高蛋白、高热量、高脂肪的食物，比如奶酪、比萨、煎炸类食品等。

过于丰盛的早餐会加重肠胃的负担。在早餐时，人体的胃肠等器官反应比较迟缓，如果早餐营养过于丰富，其摄入量会大大超过胃肠的消化能力，食物不能被充分消化吸收，长此下去会导致肠胃的功能下降，甚至造成胃肠疾病或肥胖。

忌牛奶、鸡蛋代替主食

鸡蛋、牛奶进入早餐的饮食行列虽是好事，但是受流言或广告的影响，许多家长认为牛奶富含钙，鸡蛋富含蛋白质，所以早上只要吃这两样，便能给予小学生应摄入的营养。其实这种想法是错误的。

牛奶加鸡蛋并不是营养搭配合格的早餐。牛奶鸡蛋主要提供蛋白质，缺乏小学生需要的糖类、维生素等物质，没有达到营养均衡的要求。且早上起来，人体需要靠富含糖类的食物来补充身体所需的能量。小学生早餐应占全天总热量的30%，而一个鸡蛋和一杯牛奶提供的能量远远不足，故牛奶、鸡蛋不能代替主食。

忌豆浆、油条做早餐

相较于比较西式的牛奶、鸡蛋，中国传统的早餐——豆浆、油条更受人们的喜爱，但这两样食物作为早餐也是不利健康的。

首先，油条在高温油炸过程中，营养素被破坏，并且容易产生致癌物质，这些会危害人体健康。其次，油条存在油脂高、热量高的问题，不宜长期食用。

丰富的食物颜色为小学生的健康增色

食物的颜色不仅能反映出食物的营养和天然活性成分，而且具有纯天然色彩的食物可以提高人的食欲。我们可以通过颜色来读懂食物的内在健康信息，从而根据自身需要选择食物搭配。

红色

红色食物是指外表呈红色的蔬果和“红肉”类食物。红色蔬果包括西红柿、大枣、山楂、草莓、苹果等；“红肉”指牛肉、猪肉、羊肉及其制品。红色蔬果中富含番茄红素，可防护大分子如蛋白质、DNA的氧化损伤，还可为人体提供丰富的胡萝卜素、维生素C、铁等营养成分，有助于增强心脑血管活力，提高免疫力，促进健康。

白色

白色食物中的米、面富含糖类，是人体维持正常生命活动不可或缺的能量之源。白色蔬果富含膳食纤维，能够滋润肺部，增强免疫力；白肉富含优质蛋白；豆腐、牛奶富含蛋白质、钙质。

有研究表明，大多数白色食物，如牛奶、大米、面粉和鸡鱼类等，蛋白质成分都比较丰富，经常食用既能消除身体的疲劳，又可促进疾病的康复。此外，白色食物还是一种属于安全性相对较高的营养食物，因为它的脂肪含量要较红色食物低得多，符合科学的饮食方式。

绿色

绿色食物指绿色的蔬果类。绿色蔬果包括菠菜、芹菜、油菜、苦瓜、青苹果等，其富含膳食纤维，能保持肠道菌群正常繁殖。

另外，绿色蔬菜中含有丰富的叶酸成分，而叶酸已被证实是人体新陈代谢过程中最为重要的维生素之一。

黄色

黄色食物的代表食物有玉米、黄豆、柠檬、木瓜、南瓜、柑橘、香蕉、蛋黄等，其能为视网膜提供良好的防护，对保护小学生的视力很有帮助。

黄色食物中维生素A原的含量较高，能保护肠道、呼吸道黏膜，可以减少胃炎、胃溃疡等疾患发生。黄色蔬菜还富含维生素E，能减少皮肤色斑产生，延缓衰老；黄色蔬菜中还富含B族维生素，能调节上皮细胞的分裂和再生。

黑色

黑色食物有黑加仑、黑木耳、黑豆、黑芝麻、黑米等，这些食物含有较多不饱和脂肪酸，有助大脑的发育，对小学生的智力发育有好处。

黑色食物含有多种氨基酸及丰富的微量元素，能够增强小学生自身的免疫力，改善并预防便秘。

慧选食材，把好饮食关

早餐要吃得有营养，除了要注意食物的搭配外，还要注意食物的安全问题。只有好的食材、好的食物才能给予人们应有的营养，达到营养均衡的目标。接下来就为大家讲解一下小学生早餐里主要涉及的几类食材的挑选与处理方法。

五谷杂粮类

大米

米粒洁白，略呈透明，富有光泽的则是优质新米；若米粒颜色泛青，米灰较重，碎米掺杂，则说明大米质量较差或存放时间较长。

小米

优质小米米粒大小、颜色均匀，呈乳白色、黄色或金黄色，有光泽，很少有碎米。有些不法商贩会用石蜡处理劣质米，这样的米摸起来有黏手感。正常小米有股清香，而劣质米一般都有异味，如陈米有发霉的味道。

黑米

可以将米粒外皮全部刮掉，若米粒内部不是白色则有可能是人为染色了。取少量黑米，哈一口热气后立即闻气味。优质黑米应具有正常的清香味，无其他异味；若有微霉变味、酸臭味、腐败味等不正常的气味则为劣质黑米。

燕麦

外观完整、大小均匀、饱满坚实、富有光泽、不含杂质的燕麦粒，比加工后的燕麦片营养价值更高。选购膳食纤维含量高的麦片，一般纯燕麦产品的膳食纤维含量为6%～10%。看看购买的燕麦产品的膳食纤维含量是多少，膳食纤维含量越低，一般说明产品中的燕麦含量越低。

蔬菜水果类

白菜

白菜叶是绿色且带有光泽，具有质感的白菜是新鲜的。切开时，切口处白白嫩嫩则意味着白菜的新鲜度很高。切开的时间过长，则切口处会呈现茶色，此时应该特别注意。

花菜

以花球雪白、花柱细、坚硬结实、肉厚且脆嫩、不腐烂的花菜为好。花球松散不紧凑、颜色发黄甚至发黑、湿润或枯萎的花菜质量不高，味道也不好，营养价值不高。

白萝卜

白萝卜的表皮细嫩且光滑，比重大，用手指弹，声音沉重、结实的为佳，声音浑浊的次之。选购时应该选择个头大小均匀、根形圆整、表皮光滑的。

芦笋

芦笋是以幼茎作为蔬菜的。破土前就采收的幼茎因颜色白嫩为白芦笋；出土后采收的幼茎呈绿色为绿芦笋。白芦笋以全株洁白、形状正直、笋尖鳞片紧密、未长腋芽、外观无损者为佳；绿芦笋需要留意笋尖，鳞片紧密且还没展开的为佳。

丝瓜

最常见的丝瓜种类包括线丝瓜和胖丝瓜。线丝瓜细且长，以表面无皱、水嫩饱满、皮色翠绿为佳；胖丝瓜则相对来说比较短，以大小适中、表面有细纹、附有一层白绒者为佳。

黄瓜

新鲜的黄瓜表面有细刺，类似于一个个小疙瘩，颜色鲜亮翠绿，切口处平滑的为佳。

正确清洗蔬菜水果的方法

蔬菜水果一定要洗过之后才能吃。在清洗蔬菜水果时，有些人喜欢在清水里加盐，有些人会用洗米水，有些人会选择长时间浸泡，这些做法都是为了去除蔬菜水果残留的农药。实验表明，用流动的清水洗，对去除蔬菜水果残留的农药效果最好；而加盐或使用蔬果清洁剂的做法如果控制不当反而不好。

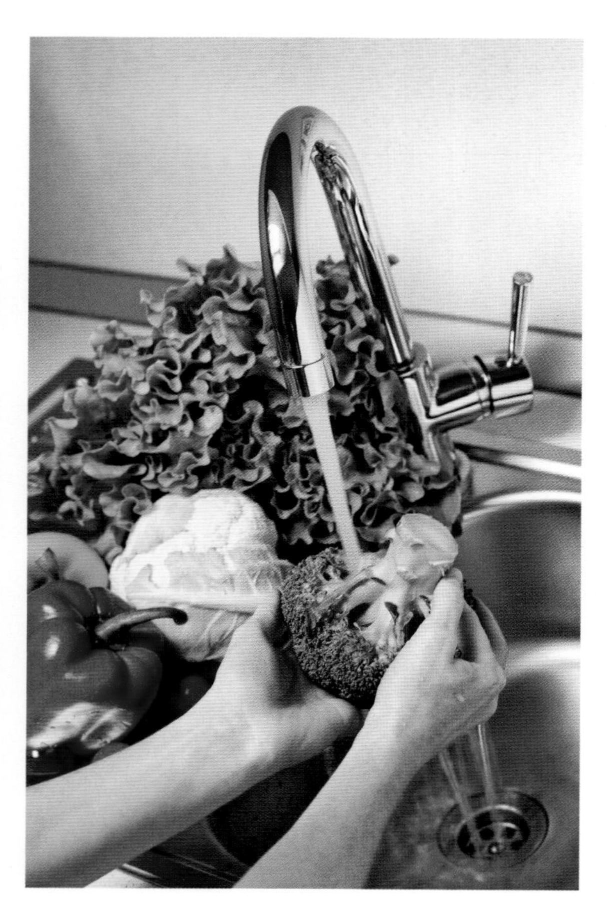

加盐

盐水虽然可以让蔬果上的虫或卵掉落，但也大大降低了其清洁能力。而且一旦盐的浓度过高形成渗透压，反而会让水中的农药进入蔬果中。

蔬果清洁剂

蔬果清洁剂大多含有表面活性剂，这样就会有二次残留的问题，所以使用蔬果清洁剂后，仍然需要用大量的清水冲干净。

完全浸泡

很多人为了让农药水解，通常会把蔬果长时间浸泡在水里，但是这样做，不仅蔬果的营养成分会快速流失，同时由于其能溶解的农药也是有限的，并不能达到去除农药的效果。

常见食材食用季节表

蔬菜类												
	1月	2月	3月	4月	5月	6月	7月	8月	9月	10月	11月	12月
小白菜	☆	☆	☆	☆	☆	☆	☆	☆	☆	☆	☆	☆
大白菜	☆	☆	☆	☆	☆						☆	☆
包菜	☆	☆	☆	☆	☆						☆	☆
木耳	☆	☆	☆	☆	☆	☆	☆	☆	☆	☆	☆	☆
银耳					☆	☆	☆	☆				
海带									☆	☆	☆	☆
紫菜											☆	
猴头菇	☆	☆										☆
香菇	☆	☆	☆	☆	☆	☆	☆	☆	☆	☆	☆	☆
金针菇	☆	☆	☆	☆	☆	☆	☆	☆	☆	☆	☆	☆
花菜				☆	☆	☆	☆	☆	☆	☆	☆	
黄花菜						☆	☆	☆	☆	☆		
莲子							☆	☆				
芝麻										☆	☆	
板栗	☆	☆							☆	☆	☆	☆
菠菜	☆	☆									☆	☆
空心菜				☆	☆	☆	☆	☆	☆	☆		
胡萝卜	☆	☆	☆	☆								☆
白萝卜	☆	☆	☆									☆
洋葱			☆	☆								
红薯			☆	☆	☆	☆	☆	☆	☆			
马铃薯	☆	☆	☆									☆
芋头								☆	☆	☆		
茭白							☆	☆				
牛蒡	☆	☆	☆	☆	☆	☆	☆	☆	☆	☆	☆	☆
山药											☆	☆
莲藕	☆	☆					☆	☆	☆	☆	☆	☆
芦笋	☆	☆	☆	☆								
荸荠	☆	☆	☆								☆	☆
竹笋	☆	☆	☆	☆	☆	☆	☆	☆	☆	☆	☆	☆
油菜	☆										☆	☆
芥菜	☆	☆	☆								☆	☆
芥蓝菜	☆	☆	☆	☆							☆	☆
生菜	☆	☆								☆	☆	☆
黄瓜				☆	☆	☆	☆	☆	☆	☆	☆	
冬瓜				☆	☆	☆	☆	☆	☆	☆		

☆代表重点月份

蔬菜类												
	1月	2月	3月	4月	5月	6月	7月	8月	9月	10月	11月	12月
茄子					☆	☆	☆	☆	☆	☆	☆	☆
甜椒	☆	☆	☆	☆	☆							☆
豌豆	☆	☆	☆								☆	☆
豇豆				☆	☆	☆	☆	☆	☆	☆		
西红柿	☆	☆	☆	☆	☆	☆	☆	☆	☆	☆	☆	☆
玉米	☆	☆	☆	☆	☆	☆	☆	☆	☆	☆	☆	☆
佛手瓜				☆	☆	☆	☆	☆	☆	☆	☆	
南瓜			☆	☆	☆	☆	☆	☆	☆	☆		
苦瓜					☆	☆	☆	☆	☆	☆		
丝瓜	☆	☆	☆	☆	☆	☆	☆	☆	☆	☆	☆	☆
豆芽	☆	☆	☆	☆	☆	☆	☆	☆	☆	☆	☆	☆

水果类												
	1月	2月	3月	4月	5月	6月	7月	8月	9月	10月	11月	12月
苹果	☆	☆	☆	☆	☆	☆	☆	☆	☆	☆	☆	☆
香蕉				☆	☆	☆						
梨	☆	☆	☆	☆	☆	☆				☆	☆	☆
火龙果					☆	☆	☆	☆	☆	☆		
西瓜							☆	☆				
芒果							☆	☆				
哈密瓜					☆	☆	☆					
橙子			☆	☆	☆	☆	☆	☆	☆	☆	☆	
柑橘	☆	☆	☆						☆	☆	☆	☆
草莓	☆	☆	☆	☆								☆
枣子	☆	☆	☆									☆
杨桃				☆	☆	☆						
葡萄	☆				☆	☆	☆	☆	☆	☆	☆	☆
菠萝	☆	☆	☆	☆	☆	☆	☆	☆	☆	☆	☆	☆
番石榴	☆	☆	☆	☆					☆	☆	☆	☆
柠檬	☆	☆	☆	☆	☆	☆	☆	☆	☆	☆	☆	☆
枇杷		☆	☆	☆	☆							
柿子	☆	☆	☆	☆	☆	☆	☆	☆	☆	☆	☆	☆
猕猴桃										☆	☆	☆

☆代表重点月份

肉禽蛋类

猪肉

新鲜猪肉：肌肉色均匀，有光泽，脂肪洁白；外表微干或者微微湿润，不黏手；指压后凹陷立即恢复，具有新鲜猪肉的正常气味。

次鲜猪肉：肌肉色稍暗，脂肪缺乏光泽；外表干燥或者黏手，新切面湿润；指压后的凹陷恢复慢或者不能完全恢复。

牛肉

新鲜牛肉：呈均匀的红色，有光泽，脂肪为洁白或者淡黄色，外表微干或有风干膜，富有弹性。其中牛肉接触到氧气会变红，肉片相叠的地方会变黑，属于正常现象，不是腐烂。

变质牛肉：色暗无光泽，脂肪为蛋黄绿色，黏手或者极度干燥，用手指压后凹陷不能复原，并且留下明显的指压痕。同时整体变黑或脂肪部分变黄都表示肉质不新鲜；包装若有肉汁渗出，也表示牛肉不新鲜。

羊肉

新鲜羊肉：色彩鲜亮，呈现鲜红色，有光泽，肉细而紧密，有弹性，外表略干，不黏手，气味新鲜。

变质羊肉：冻得颜色发白的羊肉一般已超过了3个月。而反复解冻的羊肉也不新鲜，往往呈暗红色，并且外表黏手，肉质松弛无弹性，有异味，甚至有臭味。另外，羊肉的脂肪部分应该是洁白细腻的，如果变黄说明冻了很久。

鸡肉

新鲜鸡肉：鸡的皮肉有光泽，因品种不同可呈淡黄、淡红和灰白等颜色，具有新鲜鸡肉的正常气味，肉表面微干或为湿润，不黏手，指压后的凹陷能立刻恢复。优质的冻鸡肉解冻后，鸡的皮肉有光泽，因品种不同而呈黄、浅黄、淡红、灰白等颜色，鸡肉切面有光泽，气味正常。

肉的清洗：将肉切成块，放进盆里，加入清水，使肉完全浸泡在水中，浸泡大约15分钟，而后揉洗肉块。最后捞起，在流水下冲洗干净，沥干水分即可。

鸡蛋

看外形：优质鲜蛋，蛋壳清洁、完整、无光泽，壳上有一层白霜，色泽鲜明；劣质鸡蛋，蛋壳表面的粉霜脱落，壳色油亮，呈乌灰或暗黑色，有油样浸出，有较多或较大的霉斑。

听声音：把蛋拿在手上，轻轻抖动，优质鲜蛋，蛋与蛋相互碰击声音清脆，手握蛋摇动无声；劣质鸡蛋，手握蛋摇动时，内容物会出现晃荡声。

鸭蛋

看外形：新鲜鸭蛋的蛋壳比较粗糙，壳上附有一层如霜状的细小粉末，色泽鲜洁，没有裂纹；陈蛋的外壳则比较光滑；如果是受潮或雨淋发霉的蛋，蛋壳上还有浸黑的斑点；臭蛋外壳发黑，并有油渍。

照光线：无论是将蛋放在灯下，还是轻握鸭蛋对着阳光透视，凡蛋内完全透光并呈橘红色或淡橘红色；蛋的气室小，不移动；蛋黄居中，蛋黄膜包得很紧，蛋白浓厚澄清；蛋壳无黑褐色斑点均为新鲜蛋。反之，蛋内颜色偏暗，则是劣质鸭蛋。

鹌鹑蛋

看颜色：好的鹌鹑蛋外壳为灰白色，并夹杂有红褐色和紫褐色的斑纹，色泽鲜艳，壳硬，蛋黄呈深黄色，蛋白黏稠。

试沉浮：可以把鹌鹑蛋放入冷水杯里，如果鹌鹑蛋是新鲜的，就会很快沉入杯底，否则不然。

小贴士

蛋壳不宜清洗，有污物的地方用湿布擦净即可。

水产类

鱼的选购

新鲜鱼：眼睛光亮透明，眼球略凸，眼珠周围没有因充血而发红；鱼鳞光亮、整洁、紧贴鱼身；鱼鳃紧闭，呈鲜红或紫红色，无异味；肛门紧缩，清洁，呈苍白或淡粉色；腹部发白，不膨胀；鱼体挺而不软，有弹性。

劣质鱼：鱼眼混浊，眼球下陷或破裂，鳞脱鳃张，肉体松软，色暗，有异味。

鱼的处理

应抠除全部鳃片，避免成菜后鱼头有沙。

鱼下巴到鱼肚连接处的鳞紧贴皮肉，鳞片碎小，不易被清除，却是导致成菜后有腥味的主要原因。故需特别注意削除颔鳞。

鱼的腹内、脊椎骨下方隐藏着一条血筋，加工时要用尖刀将其挑破，冲洗干净。

鱼胆不但有苦味，而且有毒。宰鱼时如果碰破了苦胆，高温蒸煮也不能消除苦味和祛除毒性，但是用酒、小苏打或发酵粉却可以使胆汁溶解。因此，在沾了胆汁的鱼肉上涂上一些酒、小苏打或发酵粉，再用冷水冲洗，苦味便可消除。

鲢鱼、鲫鱼、鲤鱼等塘鱼的腹腔内有一层黑膜，既不美观，又是产生腥味的主要根源，清洗时一定要将其刮除干净。

掌握烹饪方法，制作美味早餐

吃对小学生来说不仅仅是为了填饱肚子，孩子们也要品尝食物的美味，观赏食物的色泽。品尝美味佳肴不只是成人的特权，色泽漂亮、味道鲜美的食物同样能引起小学生的食欲。掌握好各种食物的加工方法，会更利于小学生对食物中营养物质的消化和吸收。

煮：减少脂肪量，煮过的肉类脂肪会有所减少，但脂肪会溶入汤中。

焖：把食物用小火煮透，使原汁和香味突出，可保留多种维生素。根茎类蔬菜和豆类，多采用这种烹饪方法。

快炒：待油锅烧热，快速放入食材翻炒，这样能够减少食物在锅中停留的时间，其营养素能够得到较好的保存。

烤：用锡纸包裹食物，可减少水分流失，保证食物鲜嫩。

蒸：把食物放在蒸笼中，利用水蒸气使食物蒸熟。这种做法可以保持菜品的原有风味，最大限度地减少营养成分的流失，并可保持菜品的原有形态。此外，蒸过的水不要反复使用，因其中含有大量亚硝酸盐，对人体有害。

炖：汤料一次性加好，在做菜的过程中不再加汤，使菜品保持原汁、原味，做出的食物味道清香、爽口。

熘：做熘菜的食物多为片、丁、丝状。首先将挂糊或上浆的原料用中等油温炸过或用水烫熟，再把芡汁、调料等放入用旺火加热的锅内，倒入炸好的原料，快速翻炒出锅，保持菜品的香脆、鲜嫩。

厨房的秘密窍门，提高做早餐的效率

早上起来匆匆忙忙，洗漱完发现再做早餐时间太紧张了，或者是做完早餐，吃完早餐后发现要迟到了，我们总是因为这些问题选择早餐随便将就一下或直接在外面解决。其实，这个现象是可以避免的，掌握以下这些窍门，做早餐不再匆忙。

提前准备

比如馄饨可以提前做好冷冻起来，紫薯可以前一天晚上蒸好，吐司可以前一天烤好，粥也可以前一天晚上用电饭煲预约等。这样，早上起来做早饭、吃早餐就不会那么赶时间了。

蒜苗、洋葱：可以切碎、切丁，然后放进冰箱保存。特别是晚餐剩下来的食材，第二天早上可以再用。

冷冻肉类和鱼类：解冻费时间，可于前一晚放进冷藏室，第二天早上就不需要解冻。

牛肉与鸡肉：切片或切条，加入少许盐、胡椒粉、姜末、蒜末、料酒拌匀，用保鲜膜包起来放冰箱里，可保存一个星期。

叶菜类：洗净，切成长段。如果是要做炒饭可以切碎，放在保鲜盒里保存。

晚餐变早餐，一样好吃

蔬菜汤、肉汤变身粥：若是当天晚上还剩下一些蔬菜汤、肉汤，可以冷藏保存。第二天早上只要把米饭加进去，就能煮出好吃的粥。

零碎食材变身欧姆蛋：把没煮完的蔬菜、火腿、肉全放入保鲜盒内，隔天可以拿出来切碎，做成欧姆蛋。欧姆蛋的简易做法是将2~3个鸡蛋蛋液打蓬松，倒入加了食用油的不粘锅中，撒上零碎食材，煎熟即可。

炒菜变身米饭煎饼：剩下来的炒菜也可以好好利用起来，例如将小菜切碎后做成炒饭或拌饭，或者加一个鸡蛋跟米饭一起做成米饭煎饼。

锦上添花的泡菜、果酱和酱汁

无论早上是吃面条、粥、馒头，还是吃烤的吐司、面包，人们总会搭配各种泡菜与果酱。下面列举了几种家中常备菜式，一次性做好后，可存放冰箱许久。

泡菜

准备原料：

白菜250克，梨80克，苹果70克，熟土豆片80克，胡萝卜75克，熟鸡胸肉95克，盐适量

制作方法：

①熟鸡胸肉切碎，洗净去皮的胡萝卜、苹果、梨切丝。

②取一个碗，倒入白菜、盐，抨匀腌渍20分钟。

③备好榨汁机，倒入熟土豆片、鸡胸肉碎，注入适量凉开水，将食材打碎后倒入碗中。

④把梨丝、胡萝卜丝、苹果丝倒入鸡胸肉泥中，拌匀，放入适量盐，充分搅拌均匀。

⑤取适量的食材放在腌渍好的白菜叶上，将白菜叶卷起，放入碗中，用保鲜膜将盘子封好，腌渍12小时即可。

小萝卜泡菜

准备原料：

小萝卜200克，盐10克，小干鱼酱10克，虾仁酱5克，辣椒粉10克，蒜泥10克，姜末6克，糖10克，糯米粉5克

制作方法：

①小萝卜放在盐水里腌渍3小时后，捞出晾干。

②锅里放入水与糯米粉搅匀，大火煮5分钟后，熄火晾凉。

③将小干鱼酱、虾仁酱、辣椒粉加入糯米汤中混合，做成调味酱。

④往小萝卜里放入调味酱与蒜泥、姜末，搅拌后，用糖与盐调味，装在密封的容器中，压紧、压实。

草莓酱

准备原料：

草莓260克，冰糖5克

制作方法：

①洗净的草莓去蒂，切小块，待用。

②锅中注入约80毫升清水，倒入切好的草莓，放入冰糖，搅拌约2分钟至冒出小泡。

③调小火，继续搅拌约20分钟至黏稠状，关火后将草莓酱装入小瓶中即可。

促进食欲，吃饭香，长得壮

胃口不好的孩子常常不好好吃饭，
即便家长喂饭，下咽也很困难。
遇上这类孩子，
家长总是特别羡慕那些吃得又快又多的孩子，
可狠心让孩子饿一顿的方法用多了也不利于孩子的健康。
孩子胃口不好，家长不妨从早餐下手。

孩子为什么食欲不好

每一个孩子都是每一个家庭的重要成员，当孩子胃口不好时，很多妈妈便会十分焦虑，担心孩子会不会挨饿，会不会生病等。不过，很多孩子出现胃口不好的情况可能是非病理性因素造成的，家长们不必过于担心。

那么，究竟是什么原因会导致孩子的胃口不好呢？

疾病或某些微量元素缺乏

家长们发现孩子胃口不好首先需要考虑的是孩子是否患上疾病，因身体不适导致食欲不振。

其次，再考虑是否缺锌。锌作为人体必需的微量元素之一，具有催化功能、结构功能和调节功能。通过这三种功能使锌在人体发育、认知行为、创伤愈合、味觉和免疫调节方面发挥着重要的作用。如果缺锌会使食物难以接触味蕾而影响味觉，导致味觉敏感度降低，食欲下降，对食物提不起兴趣。

不良的饮食习惯和结构

有些家长一不小心让孩子养成平时乱吃零食的习惯。如果饭前孩子食用了零食，到了吃饭时间孩子就会食欲不振，对正点的饭没有胃口。

还有些家庭用餐时间不规律，饭前用牛奶或者其他的饮料充饥，也会造成孩子胃口不好。

咀嚼能力问题

家长在给孩子添加辅食的时候，没有做到适时适量合理的添加，进而没有锻炼其咀嚼能力，使孩子的咀嚼能力相对较弱，遇到硬一些的食物就会不愿意吞下。当父母遇到类似的情况时，为了让孩子可以吃饱，用大量水或者汤汁掺杂进食，这样会冲淡孩子的胃液。长此以往，孩子的胃口自然就不会很好。

压力和情绪不佳

在现在这个充满机遇和挑战的年代，随着社会的进步，对孩子的要求也越来越多，家长都希望自己的孩子能学习到更多知识，掌握更多才艺，以便将来有更多的机遇。家长苦口婆心之余，孩子的压力也随之而来，而这同时也导致有的孩子心情郁闷、食欲不振。

同样，爸爸妈妈在餐桌上和孩子一起吃饭时，父母的情绪和对孩子的态度也会影响到孩子的胃口。

哪些食物能促进孩子食欲

我们知道人体维持生命所需要的营养素来自于日常的饮食中，但是如果孩子们总是没有食欲，吃不下饭，那么即使再健康、再安全的食物，他们也不能从中获益，因此我们要先呵护孩子的胃肠，让他们吃得下，再吃得好。

小学生的能量消耗包括生长发育、基础代谢、体力活动及食物的特殊动力作用，同时在能量摄入方面同龄男孩比女孩所需能量每天高出约150千卡。

小学生需要更新代谢的细胞很多，课上课下的学习压力也不容小觑，所以充足的蛋白质摄取是重要保障。中国营养学会对小学生蛋白质的推荐摄入量为35～60克。同时矿物质的摄入平衡也至关重要，如钙、铁、镁、锌、硒等微量元素的摄入。而且小学生身体的正常发育和物质代谢都需要维生素的参与，尤其是维生素A、维生素D、维生素B_1、维生素B_2、维生素C的摄取。而这一切都需要有好的胃口，有了好的胃口才能摄取各类食物，才能为身体营养提供来源。

添加能促进食欲的食物

吃好早餐不仅有利于身体成长，也是学习事半功倍的保障。不吃早餐的小学生由于营养缺乏会接踵患上各类疾病，导致亚健康状态。但是如果强迫孩子进食，则会造成逆反心理，使他们更加不愿意进食。因此，我们可以通过添加一些促进食欲的食物，让小学生在饮食中逐渐刺激胃口，增进食欲。

推荐食物：小米、大米、胡萝卜、山楂、山药、土豆、豆腐等。

此外，孩子胃口不好还可以喝一些酸奶调节一下胃肠道。酸奶中的乳酸菌可以抑制肠道中的有害菌群，调节肠道功能，促进消化，改善孩子的胃口。

让食物更具吸引力

大人们都偏爱色香味俱全的食物，更何况是正处在生长发育期的孩子呢?

孩子们对任何事物都充满着好奇心。好看、色彩鲜艳的食物可以引起孩子的兴趣，由于孩子对色彩比较敏感，这样的食物会提升他们的胃口。一些奇形怪状的食物同样也可以引起孩子的兴趣和提高他们的胃口，孩子对它们充满着好奇心，愿意去尝试。将这些食物做成他们喜欢的形状，这样一来就可以提高孩子的胃口了。

刺激孩子产生饥饿感

孩子身体健康，身高、体重标准，平时很少生病，只是吃饭慢，吃得不香，家长可以通过增加孩子的运动量，多进行户外活动，来刺激孩子的饥饿感。孩子感觉饿了，吃饭时就不会挑挑拣拣，而是感觉饭菜特别香。

另外，千万不能在吃饭前给孩子吃零食。如吃饭前给孩子吃了点心或喝了牛奶，到了吃饭时孩子不会感觉饥饿，吃饭自然就不香了。

土豆泥沙拉

● **原料**

土豆1个

● **调料**

淡奶油适量，白糖3克

● **做法**

1 将土豆洗净去皮，放入蒸锅中蒸15分钟。

2 用勺子将熟土豆块压成泥状，待用。

3 碗中加入白糖，淋上淡奶油，用勺子充分搅拌，制成沙拉酱，待用。

4 将沙拉酱倒入土豆泥中即可。

【美味秘诀】

煮土豆时，先在水里加几滴醋，再放进土豆，土豆的颜色就不会变黑；发芽的土豆一定不能食用，因为其中含有龙葵素，食用后可能会引起中毒。

【营养加分】

土豆是非常好的高钾低钠食品，它含有丰富的维生素C、钾等营养成分，能够解除疲劳、维护心脏和血管健康，且其经烹饪后损失也很少。

海带豆腐汤

● **原料**

豆腐150克，水发海带丝120克，姜丝少许，冬瓜50克

● **调料**

盐、胡椒粉各适量

● **做法**

1 将洗净的豆腐切开，改切条形，再切小方块；洗净的冬瓜切小块，备用。

2 锅中加入适量清水烧开，撒上姜丝，放入冬瓜块，倒入豆腐块，再放入洗净的水发海带丝，拌匀。

3 用大火煮约4分钟，至食材熟透，加入盐、适量胡椒粉，拌匀，略煮一会儿至汤汁入味。最后关火盛出煮好的汤料，装入碗中即成。

【美味秘诀】

豆腐应即买即食。买回后，应立刻浸泡于清凉水中，并置于冰箱中冷藏，待烹调前再取出。南豆腐软嫩细滑，水分含量也比较大，烹饪前，可先将锅中的水煮开，放一小勺盐，把豆腐切块焯一下，可以保持豆腐块完整。

【营养加分】

豆腐的营养极高，且豆腐柔软、清甜，可以促进人的食欲，小学生们大多不会拒绝豆腐制作的菜肴。推荐搭配粗粮饭或者包子，豆腐软滑香甜的口感绝对能让孩子胃口大开！

南瓜大米粥

●原料

南瓜200克，大米30克

●做法

1 大米洗净，加5倍水，大火烧开后，转小火熬半个小时。

2 南瓜去籽去皮，切成小丁，放入大米粥中熬煮10分钟，使南瓜丁变软。

3 再稍煮片刻，装碗即可。

【美味秘诀】

同样大小体积的南瓜，要挑选重量较为重实的；切开的南瓜，则选择果肉厚，新鲜水嫩不干燥的。

【营养加分】

大米有益于儿童的肠胃发育和健康，能刺激胃液的分泌，有助于消化，补充发育期所需的营养。

山楂焦米粥

● **原料**

大米140克，山楂干30克

● **调料**

白糖4克

【美味秘诀】

可放在水龙头下冲洗山楂，这样更易清洗干净；山楂干可以泡软后再煮，能缩短烹饪的时间。

● **做法**

1 锅置火上，倒入备好的大米，炒出香味；转小火，炒约4分钟，至米粒呈焦黄色，盛出。

2 砂锅中注入适量清水烧热，倒入炒好的大米，搅拌匀。

3 烧开后用小火煮约35分钟，至米粒变软;倒入洗净的山楂干，轻轻搅拌匀。

4 再加盖，用中火煮约20分钟，至食材熟透。

5 装在小碗中，最后撒上少许白糖，拌匀即可。

【营养加分】

山楂含有维生素、苹果酸等营养成分，具有促进食欲的作用。此外，山楂中含有的解脂酶能促进消化脂肪类的食物，清理废物，润滑肠道，加速体内垃圾的排出。

扫扫二维码
视频同步做早餐

香菇鸡肉饭

● **原料**

香菇30克，鸡肉70克，胡萝卜60克，彩椒40克，芹菜20克，米饭200克，蒜末少许

● **调料**

生抽3毫升，芝麻油2毫升，盐、食用油各适量

● **做法**

1 香菇、胡萝卜、彩椒、芹菜洗净切粒；鸡肉洗净切丁。

2 锅中注水烧开，放入切好的香菇、胡萝卜、彩椒、芹菜，焯水。

3 用油起锅，倒入鸡肉丁，翻炒至变色，加入蒜末，放入焯过水的食材，搅拌均匀，倒入备好的米饭，快速翻炒至松散。

4 加入适量盐、生抽、芝麻油，翻炒至食材入味即可。

【美味秘诀】

炒米饭时要边翻炒边把成块的米饭压松散，这样不仅可以防止粘锅，而且口感更均匀；挑选蘑菇时，菇柄短而肥大、菇伞边缘密合于菇柄、菇体发育良好者为佳。

【营养加分】

鸡肉含有的蛋白质及多种维生素、钙、磷、锌、铁、镁等成分是人体生长发育所必需的，对儿童的成长有重要作用。

扫扫二维码
视频同步做早餐

鱼泥小馄饨

● **原料**

鱼肉200~300克，胡萝卜半根，鸡蛋1个，小馄饨皮适量

● **调料**

酱油5毫升

●**做法**

1 鱼肉剁泥；胡萝卜去皮，切成圆形薄片。

2 将胡萝卜薄片煮软，捞起沥干，剁成泥。

3 将胡萝卜泥、鸡蛋、酱油倒入有鱼泥的碗内，拌匀。

4 将馅料包成小馄饨，煮熟出锅装碗即可。

【美味秘诀】

一定要将鱼肉中鱼刺剔除干净，以免鱼刺卡住孩子的喉咙和划伤食道；为了方便剔除鱼刺，妈妈可以选择鱼刺比较少的鱼，如青鱼、鳜鱼等。

【营养加分】

鱼泥小馄饨，肉质松软、易消化，营养丰富，含有优质蛋白质及多种维生素、矿物质，具有促进食欲的作用。其软弹滑嫩的口感加上方便快捷的做法，非常适合小学生的早餐食用，可以配搭果汁或豆奶等，保证早餐的营养均衡。

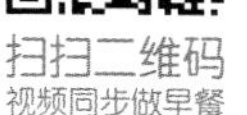

山药荞麦面

● **原料**

水发海带60克，柴鱼片、银鱼干各5克，荞麦面230克，山药75克，葱花少许

● **调料**

淡酱油60毫升

● **做法**

1 将去皮洗净的山药切片，再切条形；洗净的海带切粗条。

2 锅中注水烧热，倒入海带条，用大火煮开后转小火续煮15分钟，捞出。

3 放入银鱼干、柴鱼片，淋入淡酱油，拌匀；小火煲约5分钟至食材入味，盛出煮好的汤，过滤到碗中即成日式高汤。

4 锅中注水烧开，放入山药条，焯水捞出；放入荞麦面，搅拌匀，用中火煮约4分钟，至面条熟透，捞出。

5 另起锅，倒入日式高汤，用大火煮至沸，关火待用。

6 取一个汤碗，放入煮熟的面条，盛入锅中的高汤，再放入焯熟的山药条，撒上葱花，食用时拌匀即可。

【美味秘诀】

焯煮山药时可淋入少许白醋，这样能使其肉质更洁白；山药要挑选表皮光滑无伤痕、薯块完整肥厚、颜色均匀有光泽、不干枯、无根须的。

【营养加分】

山药中含大量的维生素、葡萄糖、氨基酸等营养成分，其中含有的淀粉酶、多酚氧化酶等物质，有利于胃肠的消化吸收功能，可改善小学生食欲。

水晶包

● **原料**

澄面、虾仁、肉末各100克，水发香菇30克，胡萝卜50克

● **调料**

猪油、白糖、鸡粉各5克，盐4克，生抽5毫升，生粉60克，胡椒粉、芝麻油各适量

● **做法**

1 洗好的香菇切粒；洗净去皮的胡萝卜切粒；虾仁切成粒。

2 将肉末装碗，加入少许盐、生粉、生抽，放入虾仁，搅拌匀；加入适量鸡粉、白糖、胡椒粉、芝麻油、猪油拌匀，放入香菇、胡萝卜拌匀做成馅料。

3 将适量生粉放入装有澄面的碗中，分次倒入清水，拌至呈糊状；倒入适量开水，烫至凝固，再分次放入剩余的生粉，揉搓成面团。

4 加入猪油，搅拌匀，取适量面团，揉成长条，切成数个小剂子，将小剂子用手压扁，用擀面杖擀成面皮。

5 取面皮，加入适量馅料；朝一个方向收口、捏紧，呈雀笼状生坯；把包底纸放入蒸笼中，放入生坯；将蒸笼放入烧开的蒸锅中，加盖，大火蒸8分钟即可。

【美味秘诀】

优质虾仁有虾腥味，体软透明，弹性小；而水泡虾仁富有弹性，无虾腥味或有碱味。

【营养加分】

虾仁清淡爽口、老少皆宜，在各地其受众都相当广泛。有的孩子虽然挑食、偏食，但如果有虾仁类的美食，也会难以拒绝，甚至爱上这道菜肴。

胡萝卜小米粥套餐

● **原料**

胡萝卜20克，小米25克，去皮土豆50克，面粉50克，鸡蛋50克，山药、芹菜各30克，干木耳10克，苹果1个

● **调料**

盐、食用油各适量

● **做法**

胡萝卜小米粥

1 将胡萝卜洗净切丁，待用。

2 将小米洗净，放入锅中，倒入适量水，与胡萝卜丁一起熬成粥。

土豆丝蛋饼

1 土豆切丝，先用盐水浸泡，待用。

2 取一个大碗，放面粉，打入鸡蛋，放入土豆丝，加少许盐一起调成糊。

3 平底锅上刷少许食用油，将调好的糊摊成薄饼即可。

山药芹菜炒木耳

1 将山药去皮，洗净后切丝；芹菜洗净切段；黑木耳放入水中泡发一会儿，待用。

2 锅中注入适量清水烧开，放入山药丝、芹菜段、黑木耳焯 1 分钟后沥出。

3 平底锅中放入少许食用油，倒入焯好的山药、芹菜、黑木耳，加盐炒匀即可。

水果

可以搭配一个苹果，将苹果洗净后切丁即可。

【营养加分】

煎得黄灿灿的土豆丝蛋饼色香味俱全，足以引起孩子的食欲。胡萝卜小米粥里含有丰富的胡萝卜素和叶黄素，能很好地保护孩子的呼吸道黏膜和视力。干稀搭配，再配上爽口的山药芹菜炒木耳，一顿清新美味的早餐，带来一天好心情。

香菇瘦肉青菜粥套餐

● **原料**

香菇10克，里脊肉30克，青菜40克，大米25克，面粉50克，牛奶30毫升，酵母1克，黄瓜60克，鸡蛋50克

● **调料**

芝麻酱、食用油、盐、白糖、醋、芝麻油、胡椒粉各适量

● **做法**

香菇瘦肉青菜粥

1 将香菇、青菜洗净后分别切小块，然后剁碎。

2 将里脊肉洗净后切片，加入盐、胡椒粉腌渍片刻。

3 大米洗净后放入锅中，快熬熟时滴几滴食用油，放入香菇末、青菜末、里脊肉片拌匀煮熟，调入少许盐出锅即可。

麻酱花卷

1 前一天晚上，取一个大碗放入面粉、牛奶和酵母，揉成面团，放置一晚上。

2 第二天，面团发酵至两倍大，将面团搓成长条，再擀成长方形，上面抹上一层芝麻酱。

3 将面团像折扇面一样折叠起来，切成段，将每段两端用手捏住，粘牢。

4 醒发一会儿后，用大火蒸熟即可。

糖醋黄瓜＋白煮蛋

1 将黄瓜洗净后切成小块，放入适量盐、白糖、醋、芝麻油拌匀即可。

2 鸡蛋洗净后，冷水下锅，煮约 8 分钟即可。

【营养加分】

芝麻含钙量很高，做成芝麻酱后更容易吸收。做花卷时抹一勺芝麻酱既富营养，又增加了花卷的风味。香菇瘦肉青菜粥非常鲜美，配上开胃的糖醋黄瓜，打开孩子沉睡的味蕾，孩子吃得也就香了。

全麦面包三明治套餐

● **原料**

全麦面包50克，肉末50克，黄瓜30克，生菜50克，西红柿100克，牛奶250毫升，奶酪1片，苹果1个

● **调料**

水淀粉、料酒、五香粉、盐、生抽、葱末、姜末、食用油各适量

● **做法**

全麦面包三明治

1 将肉末放入碗中，加水淀粉、料酒、五香粉、盐、生抽、葱末、姜末，然后用汤匙或筷子沿一个方向搅拌均匀，待用。

2 平底锅中放入适量食用油，取适量肉末在手心按平，然后放入平底锅中煎至两面金黄。

3 将洗净的黄瓜、西红柿分别切片。

4 取两片全麦面包，一片放在案板上，依次放上生菜、肉饼、黄瓜片、西红柿片，再放入奶酪片；将另一片全麦面包盖上，夹紧。

5 沿对角线切成两半，就做好了全麦面包三明治。

牛奶 + 苹果

早餐再给孩子搭配一杯纯牛奶和一个苹果，满足孩子的营养需求。

【营养加分】

全麦面包是指用没有去掉外面麸皮和麦胚的全麦面粉制作的面包，颜色微褐，肉眼能看到很多麦麸小粒，比较粗糙。但它的营养价值比白面包高，B族维生素非常丰富，面包里夹上蔬菜和小肉饼，是小朋友们喜欢的美食。

小米枸杞粥套餐

● 原料

小米25克，枸杞10克，口蘑15克，豆腐50克，面粉50克，莴笋、胡萝卜各25克，洋葱、葱花、草莓各少许，酵母1克

● 调料

食用油、豆瓣酱、盐、芝麻油各适量

● 做法

小米枸杞粥

1 将小米放入锅中，洗净后，加水熬煮成粥。

2 将枸杞洗净后用热水泡软，待小米粥煮熟后，放入粥里即可。

豆腐包子

1 前一天晚上可以将面粉加水、酵母和成面团，放置一晚上。

2 将口蘑、豆腐洗净后分别切丁；洋葱洗净后切成碎末。

3 平底锅里放入少量油烧热，放入洋葱碎炒香，再放入口蘑丁、豆腐丁炒软，调入少许豆瓣酱、盐翻炒均匀后，撒上葱花后即做成豆腐馅。可提前一晚制作，放入冰箱冷藏。

4 早上起来后，面团已发酵至两倍大，将面团分成小剂子，擀成中间厚边缘薄的圆片，包上豆腐馅，用手将面团捏紧，饧发 20 分钟后用大火蒸熟即可。

拌胡萝卜莴笋丝＋草莓

1 将胡萝卜、莴笋分别洗净切丝，待用。

2 锅中注水烧开，放入胡萝卜丝、莴笋丝焯 1 分钟后沥出，调入盐、芝麻油拌匀即可。

3 搭配一小盘草莓。

【营养加分】

大豆虽然是一种植物性食品，但它蛋白质的含量和品质可以跟肉类相媲美。而跟肉类比起来它的饱和脂肪更低，所以大豆也被人们称为“长在土里的肉”。豆腐包子搭配小米粥，好消化吸收，加上爽口的莴笋胡萝卜小菜，就是一顿香喷喷的早餐啦。

荠菜鲜肉大馄饨套餐

● 原料

速冻荠菜鲜肉大馄饨8只，鸡蛋50克，牛油果120克，橙子1个，牛奶250毫升，杏仁、葱花各适量

● 调料

苹果醋、白糖、盐各适量

● 做法

荠菜鲜肉大馄饨

1 锅中注入适量清水烧开。
2 将速冻荠菜鲜肉大馄饨解冻后，放入沸水锅中煮熟，撒上葱花即可。

牛油果鸡蛋沙拉

1 将鸡蛋洗净后，冷水下锅煮约8分钟后，取出放凉后剥除鸡蛋壳，将鸡蛋切块。
2 牛油果洗净后去核，并挖出果肉切块；将牛油果块、鸡蛋一起放在碗里。
3 另取一个小碗，放入苹果醋、白糖、盐调匀后，再倒入装有牛油果、鸡蛋的碗里，拌匀，最后撒上杏仁粒即可。

牛奶 + 橙子

早餐再给孩子搭配一杯牛奶和一个橙子，满足孩子的营养需求。

【营养加分】

荠菜的钙、维生素、膳食纤维含量都非常高，与肉一起做成馅包成馄饨，既有主食，又有蔬菜和肉。牛油果是水果中能量最高的一种，脂肪含量约15%，含钾量比香蕉还高，纤维也丰富，这样拌来吃尤其爽口开胃。

Chapter 3

益智健脑，让孩子成为小小“智多星”

小学生的智力发育与许多因素有关，
其中饮食是一个比较重要的板块。
食物是大脑发育、运作所需能量的来源。
各种营养素可以构成大脑的组织，
促进大脑神经的完善。
吃好早餐，一天的学习就要开始啦！

影响小学生智力发育的因素

研究表明，儿童智力发育是一个循序渐进的过程，其发育具有一定的连续性，非特殊原因一般不会出现某个阶段的飞跃或停滞的情况。但在我们的实际生活中，有些儿童在进入学龄期后却表现出相比同龄儿童智力发育迟滞的现象，大多是受以下因素的影响。

母乳

母乳作为无加工无添加的乳类，是婴儿的不二之选。母乳含有人体所需的全部营养素，丰富的抗感染源。母乳中含有可促进儿童大脑发育的，叫作牛磺酸的特殊氨基酸，它不仅能增加脑细胞的数量，还可以促进神经细胞的分化与成熟。据调查，吃母乳长大的儿童比吃代乳品长大的儿童智商要高出3～10。

遗传

父母智商高低的确影响孩子的智商；父母血缘关系的远近也影响孩子的智商；不同种族、民族之间的婚配等也影响孩子的智商。抽样调查结果显示：母亲在23岁以前所生子女的平均智商为103.24，而在24～28岁期间所生子女的平均智商高达109.29，但29岁以上所生子女的智商又低于105。故专家指出24~29岁期间为女性的最佳生育年龄。

运动

虽然是孩子，但是运动健身还是很有必要的。研究显示，凡每天坚持锻炼20分钟，如进行跑步、爬楼等运动的学生，其学习成绩明显优于那些懒于运动的孩子。运动锻炼能使大脑处于放松状态，想象力会从各种紧张的束缚中释放出来。更宽阔的大脑空间不仅能存储更多的知识，还能清除许多烦恼。

机能

身体机能和饮食息息相关。人体处于生理节律低潮期或低潮与高潮期临界日时，身体易疲倦，并且易情绪不稳、做事效率低、注意力难以集中或健忘、判断力下降。同时，身体抵抗力下降，易被病菌侵扰，感染疾病的概率增大。

少吃粗粮、少吃蔬菜、多吃甜食、不吃早餐、暴饮暴食等不良饮食习惯会让孩子的肝脏解毒能力变弱；暴饮暴食的孩子会慢慢出现动脉粥样硬化症状；不吃早餐的孩子由于大脑供氧不足，会出现记忆力下降、注意力不集中等症状，久而久之会影响智力。

用药

在成长阶段，家长们总是希望孩子可以更聪明、长得更高。于是在一些非医嘱的情况下购买一些激素类、进补类药物。但是某些药物会影响儿童的智力发育，如长期服用甚至可使智商偏低。

情绪

父母的情绪会直接影响着孩子的情绪。生活在无法得到父母双方关爱或父母长期情绪消沉的环境里的孩子的智商会较低。研究调查表明，这类孩子3岁时平均智商仅为60.5；反之，处于良好环境中的3岁儿童智商平均为91.8。

与母亲相比较，父爱对孩子的智力影响更大。据调查，乐观开朗的父母，对孩子对外界刺激的敏感性、生活独立感和心理承受力等都有很大帮助。更多资料显示，常与母亲在一起的孩子对新奇事物兴趣更浓、社交能力更强；而与父亲打交道多的孩子数学成绩较高。因此，父母双方对孩子的关注和父母自身的情绪都对孩子的心灵、智力产生深远的影响。

小贴士

智力的外在表现

观察力：指大脑对事物的观察能力，如通过观察发现新奇的事物等。在观察过程中对声音、气味、温度等有新的认识，并通过对现象的观察，提高对事物认识的能力。

注意力：是人的心理活动指向和集中于某种事物的能力。

记忆力：是识记、保持、再认识和重现客观事物所反映的内容和经验的能力。

思维力：是人脑对客观事物间接的、概括的反映能力。

想象力：是人在已有形象的基础上，在头脑中创造出新形象的能力。

小学生健脑益智所需要的营养素

有关调查显示，我国儿童生长发育水平在稳步提高，儿童营养不良患病率显著下降，但一些营养缺乏病依然存在，而这些营养素的缺乏会影响小学生的智力发育。

奶类、豆类制品摄入过低仍是全国普遍存在的问题。儿童正处于身体和智力发育的关键时期，因此要特别注意补充营养，让大脑在黄金阶段得到充足的营养。因为适量补充各种营养素，能使脑细胞活跃，促进智力发育。

维生素

科学家认为，在所有的维生素中，对智力影响最大的是B族维生素、维生素C、维生素D和维生素E。

B族维生素

B族维生素包括维生素B_1、维生素B_2、维生素B_6、维生素B_{12}和烟酸等。B族维生素是糖类、蛋白质、脂肪代谢时不可或缺的物质。人体一旦缺乏B族维生素，代谢就会出现障碍，脑细胞功能会立刻降低。但不同B族维生素的缺乏，对人脑的影响略有差异。

缺乏维生素B_1，会导致神经细胞衰退，功能减弱。所以不能让孩子总是吃精白米和精白面，而要经常吃些糙米、玉米等粗食，还要适量吃些猪肉，这些食物中含维生素B_1较多。

推荐食物：葵花子仁、花生、瘦猪肉、小米、玉米、糙米等。

缺乏维生素B_6，会造成神经系统功能紊乱，孩子会出现厌食、烦燥、注意力无法集中等情况。

推荐食物：豆类、畜肉、肝脏、鱼类、蛋类、香蕉等。

维生素C

维生素C能促进脑细胞结构的完善，缓解细胞间的松弛和紧张状态，使身体的代谢功能旺盛。充足的维生素C还能明显促进儿童大脑的发育，提高儿童的智商和记忆力。另外，维生素C与人体内儿茶酚胺、5-羟色胺的生成有关。这两种物质在调节脑神经活动方面，均具有重要作用。实验证明，维生素C的消耗量增加50%，人的智商就能增加4个百分点。所以孩子更应该多吃富含维生素C的水果和蔬菜。

推荐食物：维生素C广泛存在于新鲜水果和绿叶蔬菜中，在柑橘类水果、西红柿、鲜红枣中含量尤为丰富。此外，小白菜、西蓝花、黄瓜、油菜、菠菜、胡萝卜、葡萄柚、苹果、草莓、猕猴桃等食物中也含有维生素C。

维生素D

维生素D是一种脂溶性维生素，不仅能溶于脂肪和脂肪溶剂，在中性及碱性条件下对热稳定，如在130℃加热60分钟以上仍能保持活性。维生素D是人体骨骼健康非常重要的保障，能使神经细胞的反应敏捷，人因而变得果断和机智。因此要多吃鱼类食物，尤其是适当补充鱼肝油。动物性食品是非强化食品中天然维生素D的主要来源，如含脂肪高的海鱼和鱼卵、动物肝脏、蛋黄、奶油和奶酪等，而瘦肉、奶类、坚果中也含微量的维生素D。另外，还可以通过晒太阳（清晨10点前和午后三四点后）促进维生素D在体内合成。

推荐食物：鱼肝油、蛋黄、奶类、瘦肉、坚果、奶油等。

蛋白质

孩子的营养状况直接影响孩子的生长发育、智力水平、学习能力等。研究证实，如果一个人在儿童时期营养不良，就可能导致智力低下、学习能力下降等。而在各种营养物质中，蛋白质是当之无愧的“基石”，它是大脑从事复杂智力活动的基本物质。而膳食中蛋白质的主要功能是供给人体氨基酸，而氨基酸影响着“神经传导介质”的制造。

神经细胞的传递介质是由组成蛋白质的氨基酸制造的。因此，需补充蛋白质来维持智力发育。

推荐食物：奶类、肉类、蛋类、鱼虾等富含动物蛋白质的食物；豆类、花生等富含植物蛋白质的食物。

脂类

脂类中的磷脂和胆固醇是人体细胞的主要成分，在脑细胞和神经细胞中的含量最多。脂类可维持脑细胞和神经细胞结构和功能的健全，提高大脑处理信息的速度，增强人的短期与长期记忆。

脂肪中的脂肪酸，可分为饱和脂肪酸和不饱和脂肪酸两种。其中不饱和脂肪酸能促进人体的生长发育，维持血管的正常功能，并且促进脑神经的完善，是构成脑细胞结构的重要物质。植物油中含不饱和脂肪酸较多，如大豆油、花生油、菜籽油、亚麻油、紫苏油等，容易被消化吸收，可提高脑细胞的活性，增强记忆力和思维能力，相较于含饱和脂肪酸的动物油来说，更适合儿童食用。此外，核桃等坚果类食物中也富含不饱和脂肪酸。

人体需要两种必需脂肪酸——亚油酸和α-亚麻酸。这两种脂肪酸人体不能自行合成，必须从饮食中摄取。α-亚麻酸可以转化为DHA。亚油酸来源比较丰富，如我们经常食用的大豆油、玉米油中就富含亚油酸；而α-亚麻酸来源相对较少，存在于紫苏籽油、亚麻籽油中。

补充这两种必需脂肪酸的最好方法，是常备多种植物油，混合食用。必须注意的是，凡是产生“哈喇味”的各种脂肪，都绝对不能食用。因为它们特别容易被大脑吸收，损害大脑的功能。

推荐食物：植物油、蛋黄、肝脏、鸡蛋、蟹黄、鹌鹑蛋、墨鱼等。

矿物质

锌

锌是维系人体健康，促进生长发育、新陈代谢，调节免疫系统和脑细胞功能的重要微量元素之一，且与人的记忆力密切相关，被誉为“生命之花”。锌不仅对核酸和蛋白质的合成必不可少，而且也影响各种细胞的生长、分裂和分化。因此缺锌会影响语言学习和识别能力。

推荐食物：牡蛎等贝类，龟和鳖等甲壳类动物为好。

铁

铁是人体内含量较为丰富的一种微量元素，是造血的主要原料。铁元素在人体中具有造血功能，它参与血红蛋白、细胞色素及各种酶的合成，促进生长发育；铁还在血液中起运输氧和营养物质的作用，帮助消化食物，获得营养，产生能量。缺铁会使大脑的运转速度降低。一旦缺铁，可导致孩子贫血，而贫血会造成组织供氧不足，给各组织系统造成损害。长期缺乏铁，会降低儿童的认知能力，即使在补充铁剂后也难以恢复。

推荐食物：猪血、鸭血、猪肝、瘦肉等。

铜

铜是人体所需的许多重要酶的组成成分，这些酶会影响人体黑色素合成、正常造血功能、机体解毒等。缺铜会使人变得智力迟钝。

推荐食物：核桃、牡蛎、葵花籽、芝麻、大白菜、瘦肉、葡萄干等。

核桃芝麻米糊

● 原料

黑芝麻10克，大米30克，核桃仁适量

● 调料

黄冰糖碎末适量

● 做法

1 大米淘洗干净，沥干；黑芝麻淘洗干净，沥干。

2 将黑芝麻与大米以1：3的比例放入豆浆机，加入核桃仁、黄冰糖，加水至上下水位刻度之间。

3 按下五谷豆浆键，打磨5分钟。

4 无须过滤，倒入杯中，即可饮用。

【营养加分】

核桃仁营养丰富，含丰富的磷脂和赖氨酸，能有效补充脑部营养、健脑益智、增强记忆力。核桃仁中所含的亚油酸和维生素E，还可以提高细胞的生长速度，非常适合正处于生长发育期的小学生食用。

【美味秘诀】

吃核桃仁时，建议不要将核桃仁表面的褐色薄皮剥掉，这样会损失核桃仁的一部分营养；挑选核桃时，应取仁观察，选择果仁丰满，仁衣色泽黄白，仁肉白净新鲜的核桃。

桂圆糯米粥

● **原料**

糯米30克，桂圆10个

● **做法**

1 将糯米与桂圆放入水中，加盖泡2小时。

2 将浸泡好的材料放入锅中，加入水，用大火烧开后改为小火加盖煮40分钟即可。

【营养加分】

桂圆含有丰富的葡萄糖、蔗糖，含铁量也比较高，对促进脑细胞生长很有效果，能加强记忆、减缓疲劳。另外，它在补充营养的同时能促进血红蛋白的再生，从而达到补血的效果。

【美味秘诀】

选购糯米时，应挑乳白色或蜡白色、不透明，形状为长椭圆形，较细长，硬度较小的。如担心糯米黏性太强，也可以把糯米换成大米。

鹌鹑蛋猪肉白菜粥

● **原料**

大白菜100克，瘦肉70克，鹌鹑蛋130克，水发大米150克，葱花、姜丝各少许

● **调料**

盐、鸡粉各3克，芝麻油3毫升，食用油适量

● **做法**

1 将洗净的大白菜切成粗丝。

2 将瘦肉洗净切丁，装入碗中，放入盐、鸡粉、食用油，腌渍10分钟。

3 锅中注水烧开，放入大米，用大火煮沸后再转小火煮30分钟至熟。

4 放入姜丝、猪肉末，煮至米粒开花后，加入鹌鹑蛋、白菜，续煮15分钟。

5 放入鸡粉、盐、芝麻油搅匀调味，装碗后撒上葱花即可。

【营养加分】

鹌鹑蛋富含蛋白质，蛋白质对于生命活动是非常重要的物质，对于大脑的发育起着举足轻重的作用；鹌鹑蛋所含丰富的卵磷脂和脑磷脂，是高级神经活动不可缺少的营养物质，具有健脑的作用。

【美味秘诀】

优质的鹌鹑蛋色泽鲜艳、壳硬，蛋黄呈深黄色，蛋白黏稠。食用鹌鹑蛋以蒸或煮的方式最好。煮熟的鹌鹑蛋过一下凉水，更容易剥去蛋壳。

扫扫二维码
视频同步做早餐

奶油三文鱼面

● 原料

熟长意面100克，口蘑、蟹味菇各50克，蒜末适量，帕尔玛干酪碎8克，三文鱼150克，高汤适量

● 调料

盐2克，奶油白酱120克，柠檬汁、橄榄油各适量

【美味秘诀】

三文鱼属于海鱼，其砷、汞等元素含量较高，而它们主要富集在鱼头和脊神经中，所以不要用三文鱼头或鱼骨煲汤。儿童更应避免吃生三文鱼，一定要烹调熟透，这样才能彻底杀灭其中的细菌和寄生虫。

● 做法

1 洗净的口蘑切片；蟹味菇去蒂撕小块；三文鱼去皮处理好，切小块。

2 锅中注入橄榄油烧热，放入三文鱼、口蘑、蟹味菇，煮至鱼肉稍变色；放入蒜末，小火炒至微黄，加入奶油白酱，加入熟长意面，稍拌一下。

3 加入高汤、盐和帕尔玛干酪碎，煮至乳化；盛出煮好的面，加入柠檬汁即可。

【营养加分】

三文鱼肉中含有丰富的不饱和脂肪酸，如ω-3脂肪酸，是儿童脑部、视网膜及神经系统发育所必不可少的物质，有助于儿童智力发育、记忆力提高、视力改善等。三文鱼中的蛋白质为优质蛋白，它富含人体必需氨基酸。

白糖花生包

● 原料

面粉500克，酵母5克，花生碎40克

● 调料

食用油适量，花生酱20克，白糖20克

【美味秘诀】

调制馅料时，最好多拌一会儿，使白糖完全溶化。

【营养加分】

花生中的必需氨基酸，能加速伤口愈合、促进生长激素的分泌和神经系统的发育。

● 做法

1 把面粉、酵母混匀，开窝，加入5克白糖，分次倒入清水，揉搓至面团纯滑；将面团放入保鲜袋中，包紧、裹严实，静置约10分钟；分成数个剂子。

2 花生碎中加入15克白糖和花生酱，调匀，制成馅料。

3 案板上撒少许面粉，放上剂子压扁，擀成面皮；取适量馅料逐一放入面皮中，捏紧，收好口，制成生坯。

4 蒸盘上刷上食用油，放上生坯，加盖静置约1小时，至生坯发酵，水烧开后用大火蒸约10分钟即可。

豆皮金针菇卷

● **原料**

豆皮50克，金针菇100克，彩椒丝20克

● **调料**

烧烤粉5克，孜然粉5克，盐少许，食用油适量

● **做法**

1 将洗净的豆皮切成宽条，待用；洗净的金针菇切去根部。

2 将豆皮平铺在砧板上，在豆皮一端，放上金针菇、彩椒丝。

3 卷起，并用竹签穿好，将剩余的豆皮、金针菇、彩椒丝依次制成卷。

4 在烧烤架上刷上食用油，将豆皮金针菇卷放在烧烤架上，均匀地刷上食用油，用小火烤3分钟至变色。

5 撒上适量的烧烤粉、盐、孜然粉；翻面，烤3分钟至上色；再翻面，撒上烧烤粉，烤至熟，烤好后装入盘中即可。

【美味秘诀】

金针菇一定要烤熟再食用，否则易引起身体不适。

【营养加分】

金针菇含有人体必需氨基酸，其中赖氨酸和精氨酸的含量尤其丰富，且含锌量也比较高，对增强智力有良好的作用，人称“增智菇”。

扫扫二维码
视频同步做早餐

牛奶豆浆

● **原料**

水发黄豆50克，牛奶20毫升

【美味秘诀】

牛奶可以在豆浆打好后再加入，这样奶香味会更浓。牛奶最好温热饮用，高温会破坏其营养价值。

【营养加分】

牛奶含有蛋白质、乳糖、钙、磷、锌、铜、钼等营养成分，具有生津润肠、增强免疫力、促进骨骼发育等功效。

● **做法**

1 将已浸泡8小时的黄豆倒入碗中，注入清水洗净，倒入滤网，沥干水分。

2 将黄豆、牛奶倒入豆浆机中，注入清水至水位线，盖上豆浆机机头，开始打豆浆。

3 待豆浆机运转约15分钟后，将豆浆机断电。

4 把煮好的豆浆倒入滤网，滤取豆浆，装碗即可。

扫扫二维码
视频同步做早餐

黄豆豆浆

● 原料

水发黄豆75克

● 调料

白糖适量

【美味秘诀】

颗粒饱满、大小颜色一致、无霉烂、无虫蛀、无破皮的是好黄豆；烹饪黄豆时应提前用清水泡发 8 小时。

扫扫二维码
视频同步做早餐

● 做法

1 将浸泡洗净好的黄豆倒入豆浆机中，再注入适量清水至机内水位线即可。

2 盖上豆浆机机头，选择“五谷”模式，再按“开始”键，开始打豆浆。

3 待豆浆机运转约15分钟后，豆浆即成。

4 将豆浆滤渣后装碗，加入适量白糖，搅拌匀即可。

【营养加分】

黄豆中含有较多的蛋白质和人体必需脂肪酸，这些都是有益大脑的营养素。黄豆富含谷氨酸，而谷氨酸是大脑活动的物质基础，是人类智力活动不可缺少的重要营养物质。所以，多食用黄豆对于儿童的大脑发育很有益处。

黑芝麻核桃红糖饼套餐

● 原料

玉米70克，牛奶1杯，金针菇50克，面粉50克，香蕉1根，酵母1克，葱花适量

● 调料

白糖10克，黑芝麻核桃红糖粉30克，盐、芝麻油各适量

● 做法

黑芝麻核桃红糖饼

1 前一天晚上可以将面粉加水、酵母后和成面团，放置一晚上。

2 早上起来后，面团已发酵至两倍大，将面团分成小剂子。

3 将小剂子擀成中间厚边缘薄的圆片，包上黑芝麻核桃红糖粉，将面团捏紧，醒发 10分钟后，放入平底锅烙熟即可。

奶香玉米汁

1 将玉米粒剥下来后洗净，放入沸水锅中煮熟，捞出沥干。

2 将玉米粒放入榨汁机中，加入牛奶、白糖。

3 启动榨汁机，搅打成玉米汁，倒入杯中即可。

拌金针菇 + 香蕉

1 锅中注入适量清水烧开，放入金针菇，焯 2 分钟后沥出，加入盐、芝麻油、葱花拌匀即可。

2 搭配一根香蕉。

【营养加分】

金针菇富含锌，有利于宝贝的智力发育和骨骼生长。而牛奶与玉米的完美结合的令玉米汁香浓可口，没有孩子会拒绝。

虾仁炖蛋套餐

● 原料

虾仁50克，鸡蛋50克，馒头100克，西蓝花300克，橘子1个，牛奶250毫升

● 调料

盐、胡椒粉、生抽、食用油各适量

● 做法

虾仁炖蛋

1 将虾仁洗净后，去掉虾线，放入碗中，加入盐和胡椒粉抓匀，腌渍片刻。

2 鸡蛋打入碗中，加盐后沿一个方向打匀，过滤到蛋盅里。

3 将蛋液用中火蒸至表面快凝固时放上虾仁，继续蒸熟即可。

白灼西蓝花

1 将西蓝花掰成小朵后，洗净，待用。

2 锅中注入适量清水烧开，放入西蓝花焯2分钟，捞出沥干装盘。

3 另取一小碗，放入生抽，加点冷开水调匀后浇在西蓝花上即可。

煎馒头片＋牛奶＋橘子

1 平底锅里放少许食用油，馒头切片后放在锅里，用小火煎至两面焦黄即可。

2 早餐搭配一杯牛奶和橘子，满足孩子的营养需求。

【营养加分】

鸡蛋和虾仁都是很适合早上来操作的富含优质蛋白的食物。吃鸡蛋一定要混着蛋黄一起吃，因为蛋黄里含有矿物质、ω-3脂肪酸、卵磷脂、多种维生素等，有助于孩子的大脑发育。

玉米芹菜白米粥套餐

● **原料**

大米25克，玉米粒、芹菜各20克，虾皮10克，面粉50克，鸡蛋50克，莲藕500克，猕猴桃1个，红椒、黄椒、青椒各30克

● **调料**

盐、芝麻油、葱花、食用油各适量

● **做法**

玉米芹菜白米粥

1 将芹菜洗净后切段；玉米粒洗净，沥干水分，待用。

2 将大米洗净后放入锅中，加入适量水，熬煮成粥。

3 待大米粥煮至八分熟时，放入玉米粒、芹菜段，调入盐、芝麻油拌匀后煮熟即可。

葱香虾皮鸡蛋饼

1 取一个大碗，放入面粉，打入鸡蛋，再放入葱花、盐、虾皮调成面糊。

2 平底锅中刷适量食用油，将面糊摊成薄饼后，取出即可。

彩椒炒藕片＋猕猴桃

1 将莲藕洗净后，去皮切成薄片，待用。

2 红椒、黄椒、青椒洗净后分别切成小块，待用。

3 平底锅中放入少许食用油烧热，放入藕片、红椒块、黄椒块、青椒块炒熟，加入盐和葱花，再翻炒一会儿即可出锅。

4 搭配一个猕猴桃，营养更全面。

【营养加分】

粥在很多家庭的早餐桌上都会出现，如果每次在粥里加入不同的食材的话能，不仅能改善粥的口味，而且粥的营养价值也会提高，比如加入玉米粒和芹菜，清香又养眼。另外又香又软的鸡蛋饼最适合早上搭配粥。

黑芝麻糊套餐

● **原料**

黑芝麻粉40克，糯米粉20克，全麦馒头100克，胡萝卜、黄瓜、里脊肉各50克，车厘子5个

● **调料**

白糖、水淀粉、料酒、生抽、盐、食用油各适量

● **做法**

黑芝麻糊

1 锅中倒入适量清水，放入糯米粉、白糖，搅拌成无颗粒状后用大火烧开。

2 水烧开后加入黑芝麻粉拌匀即可。

胡萝卜黄瓜炒肉片

1 将胡萝卜、黄瓜洗净切片；里脊肉洗净后切片，加入水淀粉、料酒、生抽和盐搅拌均匀腌渍 10 分钟左右。

2 锅中注入少量食用油烧热，放入里脊肉片，炒熟后盛出。

3 锅里放少许食用油，倒入胡萝卜片、黄瓜片，调入少许盐，翻炒后，再将炒熟的肉片倒入，拌匀即可。

全麦馒头＋车厘子

主食食用全麦馒头，再搭配水果车厘子，早餐营养满分！

【营养加分】

全麦馒头不仅富含膳食纤维和B族维生素，而且相比面包、馒头的脂肪含量低，钠含量也低，因此更为健康。黑芝麻粉里还可以加入核桃等坚果，这些都是健脑益智的食材。

干贝生菜糙米粥套餐

● **原料**

糙米、干贝各10克，大米20克，生菜50克，去皮白萝卜65克，面粉50克，鸡蛋、鹌鹑蛋各50克，开心果、葱花各适量

● **调料**

盐、芝麻油、食用油各适量

● **做法**

干贝生菜糙米粥

1 将干贝洗净后，放入水中泡软，撕成碎末，待用；生菜洗净后切成碎末，待用。

2 大米、糙米洗净后，加入适量水熬煮成粥。

3 米粥沸腾后关小火，放入干贝、生菜末，调入盐、芝麻油，拌匀煮熟后即可。

白萝卜丝煎饼

1 将白萝卜洗净后擦丝，待用。

2 取一个大碗，放入面粉、水、鸡蛋、盐、葱花和白萝卜丝，调成面糊。

3 平底锅中放入少许食用油，将面糊摊在平底锅中，煎成薄饼，切小片即可食用。

鹌鹑蛋＋开心果

1 将鹌鹑蛋洗净后，冷水下锅煮 5 分钟捞出即可。

2 搭配适量开心果食用。

【营养加分】

糙米不仅含有丰富的B族维生素和膳食纤维，而且能增加孩子的饱腹感，延长胃排空的时间。而在粥里加上干贝和生菜，口感也更鲜美。如果配上萝卜丝蛋饼，更是完美的搭配。

Chapter 4

促进生长发育，成就“小超人”

儿童生长速度较快，
无论是骨骼发育还是智力发育都应稳步增长，
因此三餐应分配适宜，比例恰当。
按各餐所含能量，三餐应为
早餐占30%、中餐占40%、晚餐占30%，
可见在小学生成长发育过程中早餐的重要性。

什么因素影响小学生的生长发育

在孩子的成长过程中，身高到体重的变化是显而易见的，因为爸爸妈妈们可以通过肉眼观察到孩子身高体型的变化，感受到孩子一天天的成长。那么是什么因素影响着孩子的生长发育呢？怎样做孩子才能健康长大呢？

遗传

遗传基因对孩子的身高有着不可否认的重要作用。孩子生长发育的特征、潜力、趋向、限度等都受父母双方遗传因素的影响。一般来说，高个子父母所生孩子比矮个子父母所生同龄孩子要高一些。

性早熟

性早熟是一个相对的时间概念，是指第二性征出现的年龄比同时代、同种族、同性别的正常人群要早。如果女孩在8岁前出现明显的第二性征和/或9岁前出现月经初潮，男孩在9岁前出现第二性征和/或睾丸开始发育，就被认为是“性早熟”。

性早熟大大缩短了孩子的生长周期。受性激素影响，性早熟的儿童在向成人过渡的过程中，身高、体重迅速增加，身体的各个部位逐渐发育成熟，骨龄也比同龄人大而他们的骨骼生长往往提前开始又提早结束，因此导致孩子的身高还没达到正常水平，长高就已经变成“过去式”。

另外，性早熟的孩子虽然在生理上逐渐发育成熟，但是心理却仍旧停滞在孩童阶段。由于性早熟心理压抑，可能导致他们产生不良情绪，这些都可能抑制生长激素的分泌，进一步阻碍孩子长高。

核心营养素

蛋白质

人体的骨骼、大脑、血液、内脏等组织都是由蛋白质组成的；对孩子生长发育起重要作用的各种激素，也都是由蛋白质及其衍生物组成的；参与骨细胞分化、骨形成、骨的再建和更新等过程的骨矿化结合素、骨钙素、人骨特异生长因子等物质，也均为蛋白质所构成。此外，蛋白质还是维持人体正常免疫功能、神经系统功能运作所必需的营养素。所以，蛋白质是骨骼生长发育的重要支柱。

推荐食物：牛奶、黄豆、黑豆、猪肉、牛肉、蛋、鱼等。

矿物质

钙，是人体内含量较高的矿物质，占人体体重的1.5%～2%。骨骼是钙沉积的主要部位，人体内约99%的钙集中于骨骼中。因此，钙是构成骨骼的主要成分，也是骨骼发育的基本原料，孩子的身高与钙的吸收有着直接的关系。

孩子身高增长的过程实质上是骨骼发育生长的过程，而骨骼的生长本身就是骨骼钙化的过程，加之孩子处于生长发育期，对钙的需求量大，因此一旦钙摄入不足，骨骼的生长发育就会变缓，形成佝偻病、“X”或“O”形腿，从而导致身材矮小。

推荐食物：牛奶、黄豆、黑豆、豆腐、海参、白菜、海带、紫菜、虾皮等。

锌，人体主要的必需微量元素之一，是促进生长发育的关键元素之一，它对骨骼生长有着重要的作用。缺乏锌会影响生长激素、肾上腺激素及胰岛素的合成、分泌及活力。同时，锌摄入不足会使蛋白质的合成减少，阻碍孩子的智力发育和身体发育。

锌是影响人体免疫功能最为显著的元素，一旦儿童免疫系统受到影响，机体对疾病的抵抗力、正常的新陈代谢都会发生改变，从而影响儿童的正常发育。

推荐食物：贝壳类海产品、红色肉类、动物内脏等。

维生素

维生素A是人体必需的营养素，是人体生长所需的要素之一。维生素A对人体细胞的生长和增殖有着重要的作用。它与骨骺软骨的成熟有关，能促进蛋白质的生物合成和骨细胞的分化，是孩子骨骼发育不可缺少的重要营养素。当儿童体内缺乏维生素A时，会减缓骨骺软骨细胞的成熟，导致孩子生长迟缓；而维生素A摄入过量，又会加速骨骺软骨细胞的成熟，导致骨骺板软骨细胞变形加速，骨骺板变窄，甚至早期闭合，阻碍孩子长高。

推荐食物：动物肝脏、鱼肝油、全奶、蛋黄等。

维生素D是与身高密切相关的脂溶性维生素，也是人体所必需的营养素。维生素D在人体骨骼生长中的主要作用是调节钙、磷的代谢。通过维持血清钙、磷的平衡，促进钙、磷的吸收和骨骼的钙化，维持骨骼的正常生长，进而使孩子长高。如果体内缺乏维生素D，骨骺对钙、磷的吸收与沉积则会减少，从而出现佝偻病或软骨症，使孩子身材矮小。

推荐食物：深海鱼、动物肝脏、蛋黄、奶油、乳酪等。

维生素C是从食物中获取的水溶性维生素，对胶原质的形成有重要作用，也是骨骼、软骨和结缔组织生长的主要元素。同时，其还能促进儿童生长发育、提高免疫力和大脑灵敏度。当人体内缺乏维生素C时，骨细胞间质会形成缺陷而变脆，进而影响骨的生长。

推荐食物：猕猴桃、橘子、橙子、草莓、柠檬、花菜、黄瓜等。

酸奶水果沙拉

● 原料

哈密瓜、火龙果、苹果各100克，圣女果50克，酸奶100毫升

● 调料

蜂蜜、柠檬汁各15毫升

【美味秘诀】

好的凝固型酸奶的凝块应均匀细密，无气泡，无杂质，允许有少量乳清析出；好的搅拌型酸奶是均匀一致的流体，无分层现象，没有杂质。

【营养加分】

酸奶含有多种益生菌，能促进食物的消化吸收，维护肠道菌群的生态平衡，抑制有害菌对肠道的入侵等。

● 做法

1 洗净去皮的哈密瓜切小块；火龙果去皮切小块；洗净的苹果去皮，去核，切小块；洗净的圣女果对半切开。

2 将切好的水果整齐地码入盘中，用保鲜膜将果盘包好，放入冰箱冷藏20分钟。

3 备一个小碗，放入酸奶、蜂蜜、柠檬汁，搅匀。

4 待20分钟后，取出冷藏好的果盘，去除保鲜膜。

5 将调好的酸奶酱浇在水果上即可。

燕麦沙拉

● 原料

燕麦50克，樱桃萝卜20克，面包块50克，香菜5克

● 调料

盐、酱油、醋各少许，沙拉酱10克

● 做法

1 樱桃萝卜洗净，切片；香菜洗净，切段。

2 燕麦放入锅里，炒熟。

3 取一干净的碗，放入燕麦、樱桃萝卜和面包块。

4 加入沙拉酱、盐、酱油、醋，拌匀，点缀上香菜即可。

【美味秘诀】

挑选燕麦时应挑选大小均匀、质实饱满、有光泽的。燕麦最好购买需要煮的，因为需要煮的燕麦没有加入任何添加剂，而且可以最大限度地提供饱腹感。

【营养加分】

燕麦中含有钙、磷、铁、锌等物质，可以增强骨骼，预防骨质疏松。此外，燕麦能产生褪黑激素，可以帮助小学生放松神经，改善血液循环，缓解小学生在生活、学习中遇到的压力。

肉末蔬菜粥

● **原料**

猪肉80克，大米60克，菠菜、油菜、白菜各适量，枸杞少许

● **调料**

盐3克

● **做法**

1 猪肉、菠菜、油菜、白菜分别洗净，切成碎末；大米淘洗干净。

2 锅中注水，放入大米和洗净的枸杞，烧开后改小火。

3 待粥熬至将成，放入猪肉、菠菜、油菜和白菜同煮至粥成。

4 加入盐，搅拌均匀后即可盛出。

【营养加分】

猪肉除含有较多能促进儿童生长的蛋白质外，还含有较多的维生素D，而维生素D不仅能促进机体对钙、磷的吸收，而且有助于儿童的骨骼成长。同时，猪肉可为机体提供优质蛋白质和必需的脂肪酸，能促进儿童的大脑发育。

【美味秘诀】

大米洗净后浸泡一下，可使米粒变软，缩短熬粥时间。新鲜猪肉肌肉有光泽、红色均匀，用手指按压后凹陷部分能立即恢复。而切猪肉时，宜顺着纹理切丝，以免口感较韧不易咀嚼。

芡实海参粥

● 原料

海参80克，大米200克，芡实粉10克，葱花、枸杞各少许

● 调料

盐、鸡粉各1克，芝麻油5毫升

● 做法

1 处理干净的海参切条，再切成丁。

2 砂锅中注入适量清水，倒入大米；用大火煮开后转小火续煮30分钟至大米熟软。

3 倒入切好的海参、枸杞，续煮15分钟至熟。

4 倒入芡实粉，拌匀，煮5分钟，加入盐、鸡粉、芝麻油，拌匀。

5 关火后盛出煮好的粥，撒上葱花即可。

【美味秘诀】

清理海参时用小剪刀从海参的嘴至肛门剪一下，将里面的肠子和泥沙等污物清除后洗净即可。

【营养加分】

海参含钙丰富，且脂肪含量较低，不仅能为骨骼发育提供原料，而且可促进软骨细胞和成骨细胞的发育，还能增强体质，是预防儿童体格矮小的较佳食材。芡实可帮助人体消化吸收，有助于人体成长。

扫扫二维码
视频同步做早餐

虾皮豆腐脑

● **原料**

豆腐脑200克，虾皮10克

● **调料**

盐、食用油各适量

● **做法**

1 虾皮泡软，沥干备用。
2 在锅里放适量水，烧开后放入豆腐脑。
3 放入虾皮、盐、食用油，略煮片刻即可。

【美味秘诀】

虾皮有些淡淡的腥味，可以用温水泡一下再使用，口感会更好。

【营养加分】

虾皮中含有丰富的蛋白质和矿物质，尤其是钙的含量极为丰富，有“钙库”之称。虾皮富含的钙，是构成骨骼的主要成分，有助于骨骼中骺软骨细胞的不断生长。尤其是在发育关键期——婴幼儿和青春期食用虾皮，助长的效果会更加明显。

蔬菜肉末水饺

● **原料**

小白菜65克，豆腐70克，南瓜80克，洋葱45克，肉末75克，鸡蛋50克，饺子皮适量

● **调料**

盐、鸡粉各2克，生粉适量

【营养加分】

小白菜中含有的维生素C和钙，能为骨骼发育提供营养，使骨骼钙化，对促进骨骼的正常生长和发育有重要作用。

● **做法**

1 去皮洗净的南瓜切粒；洋葱、小白菜、豆腐洗净，切碎。

2 取一碗，倒入豆腐、南瓜、小白菜、洋葱、肉末，拌匀，加入盐、鸡粉。

3 鸡蛋打入碗中，搅散成蛋液，倒入装有馅料的碗中，拌匀，加入生粉，拌至起劲，制成馅料。

4 取饺子皮，放入适量馅料，包好，制成数个饺子生坯。

5 水烧开，放入饺子生坯，轻轻拌匀，加少许冷水，用中火煮约10分钟，盛出即可。

【美味秘诀】

新鲜的小白菜呈绿色、鲜艳而有光泽，而且无黄叶、无腐烂、无虫蛀现象。

沙茶牛肉面

● **原料**

板面200克，牛肉片60克，蒜苗25克，蒜末少许，高汤650毫升

● **调料**

沙茶酱15克，鸡粉2克，生抽2毫升，料酒3毫升，食用油适量

● **做法**

1 将蒜苗洗净切小段，备用。

2 锅置火上，注入适量清水，用大火煮沸，放入备好的板面，轻轻搅拌，煮约4分钟，至面条熟透，捞出待用。

3 用油起锅，撒入蒜末，爆香，放入蒜苗、牛肉片，淋入料酒，放入沙茶酱，炒至牛肉断生。

4 注入高汤，大火煮2分钟至沸腾，加入生抽、鸡粉调味，关火后盛出煮好的汤汁。

5 将汤汁浇在面条上即可。

【美味秘诀】

选购牛肉应选择有光泽，色泽均匀，呈红色或稍暗，脂肪颜色为乳白色或淡黄色，外表微干且不黏手，弹性好的。

【营养加分】

牛肉含有丰富的B族维生素、铁、磷等。因为孩子生长发育迅速、新陈代谢快、运动量较大，对于热量和营养物质需求大，所以应该经常食用一定量的牛肉。

青酱牛肉意面

● 原料

熟宽扁面100克，牛肉50克，芦笋15克，蒜末适量，奶酪粉少许

● 调料

橄榄油、盐各适量，罗勒青酱2匙

● 做法

1 牛肉洗净切片，装碗，加盐，腌渍一会儿。

2 洗净的芦笋切段，放入热水锅中焯至断生，捞出。

3 平底锅烧热，加入橄榄油，将蒜末爆香，加入牛肉片炒至转色。

4 倒入熟宽扁面、芦笋，加入盐、罗勒青酱，炒匀后装盘，撒上奶酪粉即可。

【美味秘诀】

如果烹饪牛肉时牛肉不容易熟烂，可以在烹饪前用木棒捶几下牛肉或者在烹饪的时候放入几颗山楂。

【营养加分】

牛肉富含优质蛋白质，能增加运动对骨骼增长的促进效果。其中的维生素B_6还能促进新陈代谢、提高人体免疫力。对于处于快速发育期的6~12岁儿童来说，应多食用牛肉。

小黄瓜奶酪三明治

● 原料

黄瓜45克，奶酪25克，面包片15克

● 调料

沙拉酱适量

【美味秘诀】

挑选黄瓜时，选择新鲜水嫩、深绿色、较硬、表面有光泽、带花、整体粗细一致的。

● 做法

1 把面包片的边缘修整齐，再沿对角线切成两片。

2 洗净的黄瓜切粒；奶酪切粒。

3 取一个干净的碗，倒入黄瓜、奶酪，挤入适量沙拉酱，搅拌匀，待用。

4 取一片面包，放平，放入拌好的材料，摊平铺开，再挤入少许沙拉酱。

5 放上另一片面包，夹紧，制成三明治即可。

【营养加分】

奶酪中含有钙、磷、镁等重要矿物质，且钙、磷比例适当，易被人体吸收。并且奶酪中的大部分钙能与酪蛋白结合，对儿童骨骼生长十分有益。奶酪还能增强儿童抵抗疾病的能力，促进代谢，增强活力，保护眼睛健康并保持肌肤美丽。

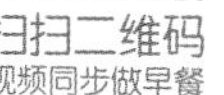

胡萝卜鸡蛋火腿三明治

● **原料**

切片面包4片，胡萝卜半根，火腿2片，洗净的小葱1根，鸡蛋2个

● **调料**

盐、胡椒粉各少许，食用油2匙，芝士2片，白糖1小匙，番茄酱2匙

● **做法**

1 胡萝卜去皮切细丝；小葱切碎末；鸡蛋打入碗中，搅成蛋液。

2 往鸡蛋液中放入胡萝卜丝、小葱末、盐、胡椒粉，搅拌均匀。

3 平底锅中放入食用油，中火热油，倒入鸡蛋液，煎至两面金黄，盛出。

4 将面包片放入铺有锡纸的烤盘中，以上、下火各160℃，烤约3分钟。

5 取出烤好的面包片，将其中2片加入芝士、火腿、蛋饼，再撒上适量白糖。

6 另外2片面包片，分别抹上番茄酱，再朝下盖在夹蛋饼的面包片上，对半切开。

【美味秘诀】

烹饪鸡蛋的时候要注意不要做得太老，以免营养流失；水煮鸡蛋和蒸蛋羹的吸收率最高，为98%~100%；炒鸡蛋和油煎略低。每天一个鸡蛋，对小儿的身体和智力发育有很大的好处。

【营养加分】

鸡蛋几乎含有人体必需的所有营养物质。常食用鸡蛋，能补充骨骼发育所需的蛋白质、维生素和矿物质，有效预防儿童营养不良引起的发育迟缓。此外，鸡蛋有健脑益智、改善记忆力、促进伤口和病灶愈合的功效，还能促进肝细胞再生、增强小儿肝脏的代谢解毒功能，非常适合孩子食用。

黑豆豆浆

● **原料**

水发黑豆100克

● **调料**

白糖适量

● **做法**

1 将已浸泡7小时的黑豆倒入碗中，加入适量清水，将豆子搓洗干净。

2 把洗净的黑豆倒入滤网，沥干水分，倒入豆浆机中。

3 加入适量清水，至水位线即可。

4 盖上豆浆机机头，选择“五谷”程序，开始打浆。

5 待豆浆机运转约15分钟，即成豆浆。

6 将豆浆机断电，取下机头，把榨好的豆浆倒入滤网，滤去豆渣。

7 将煮好的豆浆倒入碗中，加入适量白糖，搅拌均匀至其溶化，待稍微放凉后即可饮用。

【营养加分】

黑豆中的钙含量是豆类之首，它不仅能为小学生提供成长所需的蛋白质，还能促进骨骼的生长发育。黑豆中的维生素E具有抗氧化的作用，能保护机体细胞免受自由基的损害，使小学生健康成长。

【美味秘诀】

正宗的纯黑豆，颗粒大小并不均匀，且颜色有的墨黑，有的黑中泛红。黑豆的蛋白质含量很高，榨成的豆浆可以不滤去豆渣而直接饮用。

豆渣蛋饼套餐

● 原料

黄豆25克，红枣3颗，面粉50克，鸡胸肉50克，胡萝卜、莴笋各50克，芒果1个，鸡蛋50克，葱花少许

● 调料

盐、食用油、料酒、淀粉、生抽各适量

● 做法

红枣豆浆

1 将黄豆洗净后，放入清水中浸泡6小时以上，可以提前一晚浸泡；红枣洗净后去核，掰小块。

2 将红枣、黄豆、水放入豆浆机中打成豆浆，过滤后将豆浆倒入杯中即可。

豆渣蛋饼

1 红枣、黄豆过滤后豆渣不要扔掉，加入面粉、鸡蛋、葱花、盐和适量水一起调匀，制成面糊。

2 平底锅放入少许食用油烧热，然后将面糊摊成豆渣蛋饼即可。

莴笋胡萝卜鸡丁

1 将莴笋、胡萝卜洗净后切丁，放入沸水锅中焯1分钟捞出，待用。

2 将鸡胸肉洗净切丁，放入料酒、盐、淀粉、生抽，抓匀，腌渍片刻。

3 平底锅注油烧热，放入鸡丁滑炒，再放入莴笋丁、胡萝卜丁，炒熟后，加入盐翻炒均匀即可。

芒果

搭配一个芒果。

【营养加分】

红枣含有丰富的矿物质和维生素，还有丝丝甜味儿，与豆浆结合清香可口。滤出的豆渣含有丰富的膳食纤维、蛋白质、脂肪、异黄酮和维生素，可做成蛋饼，营养美味。莴笋、胡萝卜、鸡丁的组合爽口，且荤素搭配，可促进儿童的生长发育。

紫薯米糊套餐

● **原料**

紫薯250克，大米20克，玉米窝头2个，虾仁30克，鸡蛋100克，菠菜200克，松子仁10克，葱花适量

● **调料**

盐、胡椒粉、食用油、生抽各适量

● **做法**

紫薯米糊

1 将紫薯洗净后去皮，切成丁，待用。

2 将大米洗净后，放入豆浆机中，再放入紫薯丁，一起打成米糊即可。

虾仁滑蛋

1 虾仁洗净后去掉虾线，加入盐、胡椒粉抓匀后腌渍10分钟。

2 取一个干净的碗，打入鸡蛋，调入盐和葱花，将鸡蛋液打散，再放入虾仁搅匀。

3 平底锅烧热后放入少许食用油，倒入鸡蛋虾仁滑散，用筷子拨动至熟即可。

松子拌菠菜

1 将菠菜洗净后，放入沸水锅中焯2分钟，捞出沥干，然后切碎，放入碗中。

2 撒入少许盐、生抽、松子仁，搅拌均匀即可。

玉米窝头

今日主食推荐玉米窝头。

【营养加分】

绿油油的菠菜里胡萝卜素、维生素、矿物质含量丰富，但是草酸含量也较多。而用开水焯一两分钟，能去掉60%~80%的草酸。同时焯菠菜时加一两滴油，可改善菠菜的口感，并有利于营养素的吸收。拌菠菜时加入坚果，可以增加维生素E的摄入量。

鸡蛋煎饺套餐

● **原料**

速冻饺子6个，鸡蛋100克，紫菜、虾皮各适量，橙子1个，葱花适量

● **调料**

食用油、盐、芝麻、芝麻油各适量

● **做法**

鸡蛋煎饺

1 将速冻饺子解冻；将鸡蛋打入碗中，加盐打成蛋液，待用。

2 平底锅里刷适量食用油，放入解冻后的饺子煎至其底部微黄。

3 沿着锅边淋入鸡蛋液，盖上锅盖，煎至蛋液凝固，撒上芝麻和葱花即可。

紫菜虾皮汤

1 将虾皮、紫菜分别洗净后，泡入冷水中，待用。

2 锅里注入适量清水烧开，放入虾皮和紫菜煮软，调入少许盐、芝麻油即可出锅。

橙子

搭配一个橙子。将橙子洗净后，切成4瓣即可。

【营养加分】

饺子内馅可以选择荤素搭配的菜肉或者虾仁、胡萝卜、玉米、青豆的。偶尔给孩子换个煎的做法，用蛋液代替水，仅仅看外观就很诱人。而紫菜和虾皮里的钙含量都很丰富，能促进孩子的骨骼生长。

水果牛奶麦片套餐

● **原料**

麦片25克，牛奶250毫升，三文鱼100克，芦笋50克，草莓5颗，吐司50克

● **调料**

盐、橄榄油、胡椒粉、食用油各适量

● **做法**

水果牛奶麦片

1 牛奶放入锅中加热，倒入碗中，放入麦片泡软。

2 将草莓洗净后将其中一颗切丁，撒在麦片粥上即可。

盐水芦笋

1 将芦笋洗净后，切成三段。

2 锅中注入适量清水烧开，撒入少许盐和橄榄油，放入芦笋段焯 1 分钟，捞出沥干，装入盘中。

煎三文鱼

1 将三文鱼洗净，在三文鱼两面均匀地抹上少许盐和胡椒粉，腌渍片刻。

2 平底锅烧热，刷上适量食用油，放入三文鱼煎至两面金黄。

3 平底锅中加入适量清水，盖上盖子焖至水分被蒸干，盛入装有芦笋的盘中即可。

吐司 + 草莓

主食是吐司，再搭配草莓即可。

【营养加分】

煎三文鱼操作简单，因此适合早上比较匆忙时来做。最重要的是三文鱼中含有丰富的不饱和脂肪酸及维生素D，能促进钙的吸收，帮助生长发育期的孩子长高。

南瓜粥套餐

● **原料**

南瓜30克，小米10克，大米15克，玉米100克，紫薯250克，牛里脊30克，红椒、黄椒、洋葱各30克，黄瓜50克，苦菊30克，圣女果3个

● **调料**

盐、胡椒粉、食用油、芝麻油、白糖、白醋各适量

● **做法**

南瓜粥

1 南瓜洗净后切丁，待用。

2 将小米、大米洗干净，锅中注入适量清水，放入南瓜，一起熬煮成粥即可。

蒸玉米、紫薯

1 将玉米、紫薯分别洗干净，紫薯对半切块，待用。

2 将洗净的玉米、紫薯放入锅中，用大火蒸熟后即可。

彩椒牛柳

1 将洋葱洗净后切小块；红椒、黄椒洗净后切条，待用。

2 将牛里脊洗净后切条，放入少许盐、胡椒粉、食用油拌匀，腌渍片刻。

3 平底锅烧热后，放入少许食用油，倒入牛里脊，滑散后盛出。

4 锅中留少许食用油，放入洋葱块、盐炒香，再倒入牛里脊条、红椒条、黄椒条后翻炒熟即可。

蔬菜沙拉

1 黄瓜洗净后切片；苦菊洗净后撕小片，放入碗中。

2 取一小碗，放入芝麻油、盐、白糖、白醋，调匀后，浇在黄瓜、苦菊上，摆上洗净的圣女果即可。

【营养加分】

南瓜粥色泽漂亮、香甜可口，早上食用会让人的胃特别舒服。而牛肉中含有丰富的蛋白质，脂肪含量也较低。同时，它的氨基酸组成比猪肉更接近人体需要，尤其适合生长期的孩子。

Chapter 5

提高免疫力，孩子少生病

有的孩子经常生病，
而有的孩子不怎么生病；
有的生病了久久不能痊愈或容易反复，
而有的生病了却好得很快。
这跟孩子的免疫力强弱有关。
而增强免疫力，离不开健康的饮食、体能的锻炼，
从早餐做起，提高免疫力，孩子少生病。

孩子为什么总生病

孩子的免疫系统影响着身体的新陈代谢，关乎身体健康。当遇到一般外物侵入时，免疫细胞会第一时间产生一种抗体，这种抗体的杀伤力像利剑一样可以直接杀死外物，使我们的身体继续正常运转从而维持身体健康。

所谓免疫，就是识别自己人，排除外来人，以此来维持体内环境平衡和稳定的一种“特异性生理反应”。日常流出的汗、吐出的痰都是免疫细胞杀死的敌人的尸体和老化死去的细胞及外来的杂质等。

举一个简单的例子，生活中小学生最常见的病症是发热感冒。而患感冒的途径有很多，即使是电梯里一个人打喷嚏时传播出的飞沫，都可能突破小孩子的免疫系统防线。因为孩子的免疫细胞还在生长阶段，自身的免疫系统还不足以与成人的免疫系统相比。

那么，我们的免疫系统是如何防御病菌的呢？

第一批“战士”：免疫屏障

我们的免疫系统的第一批战士，叫“免疫屏障”，即皮肤、呼吸道、消化道黏膜。它们出动时，我们的身体外部是不会有明显反应的，正常进行一日三餐，可能胃口还不错。但如果个人身体的免疫系统不够强，那么第一道免疫防线就可能会被敌人突破。

第二批“战士”：溶菌酶、吞噬细胞、白细胞

如果第一道免疫线被突破，身体的免疫系统会派出第二批战士，它们分别是溶菌酶（溶解细菌）、吞噬细胞（吞噬病原体）、白细胞（消灭病原体）。这几位大将一般不出马，尤其是白金战士“白细胞”，因为它是身体的三大血细胞之一。在它们被入侵敌人进攻期间，身体开始感觉到不适，会没有食欲、额头发热、精神不振等。而当第二道防线也被突破时，发热和感冒等症状就完全产生了，这就意味着身体的第二批战士也为了抵抗疾病而牺牲了。

第三批“战士”：特异性免疫

“特异性免疫”只针对一种病原体进行剿灭，它是通过机体免疫应答产生抗原，由淋巴细胞产生。特异性免疫包括体液免疫和细胞免疫。第三批战士会在第二批战士牺牲后站出来与人体服用的药物一起抗击病毒的入侵。

药物协助免疫系统，强强联手抵御疾病，身体的外部表现会开始慢慢好转，直到完全康复。而在这期间，我们要做的，就是在免疫系统抵抗疾病的同时，也力求后方战线——营养餐食跟上组织。

是什么影响着免疫力的强弱

当疾病产生时，有的孩子能够幸免于感染，而有的孩子却深受病痛的折磨，这是由个人身体免疫力强弱的差异造成的。而一个人的免疫力不是固定不变的，它是可以增强的，以下简单介绍几种影响免疫力强弱的因素。

蛋白质

蛋白质作为免疫系统的基础，其参与上皮、黏膜、胸腺、肝脏、脾脏、白细胞等组织器官及抗体和补体等多个“部门”的事务。蛋白质的缺乏会使得它们受到不同程度影响，最后令免疫系统受损。

蛋白质缺乏会影响儿童免疫器官甚至是大脑的发育，也会影响T淋巴细胞的数量和功能。淋巴细胞的减少意味着免疫因子的减少，导致不良微生物细胞滋生更多。

蛋白质摄入过量，则会导致骨质疏松。而动物性蛋白摄入过多易引发癌症等。而且由于过多摄入的蛋白质需要“脱氨”分解才能排出体外，这个过程需要大量水分，会加重肾脏的负担。

蛋白质的营养价值越高，免疫作用越强：蛋类>大豆>肉类>花生>玉米。

推荐食物：蛋类、牛奶、豆类、鸡肉、牛肉、猪腰、金枪鱼、蛤蜊、扇贝等。

脂类

脂肪酸的适量摄取能促进免疫系统的建立和发育，缺乏和过量都会导致免疫功能降低。过量还会导致过氧化损伤，使淋巴细胞的功能受损。

推荐食物：核桃、松子仁、蛋黄、沙丁鱼、鲑鱼、青鱼等。

维生素

维生素A

缺乏维生素A时，消化道和呼吸道等处黏膜的上皮细胞会变性甚至角化脱落。因为我们在前面说过，消化道和呼吸道是免疫系统的第一道防线。

推荐食物：动物肝脏、鱼肝油、全奶、蛋黄等。

维生素E

维生素E作为天然抗氧化剂，能促进免疫器官的发育和分化，提高机体免疫力。同时，维生素E可以帮助免疫系统的第二道防线中的“吞噬细胞”来消灭病原体。

推荐食物：谷胚、坚果、榛子、黑芝麻、葵花子等。

维生素C

维生素C的抗氧化作用可维持吞噬细胞的稳定性，让它可以随时备战。血液中维生素C浓度与免疫力紧密相连，补充维生素C能提高免疫力，保持吞噬细胞的活力。

推荐食物：柑橘、红辣椒、青辣椒、黄瓜、草莓等。

矿物质

铁

铁是维持免疫器官的功能所必需的营养素。缺铁会引起胸腺和淋巴组织萎缩，也会导致细胞免疫力低下。

推荐食物：动物肝脏、动物全血、畜禽肉、鱼类等。

锌

锌参与细胞代谢的过程，与多种酶相关。缺锌会影响免疫器官、免疫细胞、体液免疫的功能。

推荐食物：牡蛎、猪肝、瘦肉等。

硒

硒与维生素E共同作用，主要是影响抗体合成。缺硒会影响免疫系统的功能。

推荐食物：海洋食物和动物的肝、肾及肉类等。

营养课堂

茄泥沙拉

● **原料**

茄子1个，红彩椒半个，圣女果60克，生菜1片，熟白芝麻适量

● **调料**

盐、橄榄油各适量

【美味秘诀】

茄子去皮后宜放入清水中浸泡，以免其氧化变黑。而挑选茄子时，以果形均匀周正，老嫩适度，无裂口锈皮、斑点，肉厚，细嫩的为佳。

● **做法**

1 茄子去皮洗净，切丁；红彩椒去籽，洗净备用；圣女果洗净。

2 锅中注水烧开，放入茄子煮至熟透，捞出沥干。

3 用勺子将煮熟的茄子捣成泥，加入盐、橄榄油、熟白芝麻拌匀，填入红彩椒中。

4 将洗净的生菜铺在盘底，放上红彩椒和圣女果即可。

【营养加分】

茄子中的维生素P含量是其他各类蔬菜所望尘莫及的。而维生素P能增加毛细血管的弹性，增强其韧性，还可以提高人体的免疫力及修复力。茄子还能防止维生素C缺乏症及促进伤口愈合。

紫菜寿司

● **原料**

寿司紫菜1张，黄瓜120克，胡萝卜100克，鸡蛋50克，酸萝卜90克，糯米饭300克

● **调料**

鸡粉2克，盐5克，寿司醋4毫升，食用油适量

● **做法**

1 将胡萝卜、黄瓜洗净切条。

2 鸡蛋打入碗中，放入少许盐，打散、调匀。

3 热油锅，倒入蛋液，摊成蛋皮，将煎好的蛋皮取出，切成条，备用。

4 热水锅，放入鸡粉、盐，倒入适量食用油；放入胡萝卜条，煮1分钟，倒入黄瓜条，略煮至其断生，捞出，沥干，备用。

5 将糯米饭倒入碗中，加入寿司醋、盐，搅拌匀。

6 取竹帘，放上紫菜，将米饭均匀地铺在紫菜上，压平，分别放上胡萝卜、黄瓜、酸萝卜、蛋皮。

7 卷起竹帘，压成紫菜寿司，将压好的紫菜寿司切成大小一致的段，装入盘中即可。

【营养加分】

紫菜含有丰富的碘元素，能帮助小学生提高自身免疫力，预防甲状腺肿大等疾病，对小学生改善体质、预防传染病都很有帮助。

【美味秘诀】

紫菜以色泽紫红、无泥沙杂质、干燥者为佳。紫菜容易受潮变质，应用密封袋保存在阴凉、避光、干燥的地方。

扫扫二维码
视频同步做早餐

砂锅鸭肉面

【美味秘诀】

此款面食以清淡口味为佳，不宜多放盐。

【营养加分】

鸭肉比其他肉类更易消化，从而有利于小学生吸收。鸭肉富含B族维生素和维生素E，可以有效抵抗炎症，增强身体免疫力，远离疾病。

● **原料**

面条60克，鸭肉块120克，上海青35克，姜片、蒜末、葱段各少许

● **调料**

盐2克，鸡粉2克，料酒7毫升，食用油适量

● **做法**

1 将洗净的上海青对半切开。

2 锅中注入适量清水煮沸，加入食用油，倒入上海青，煮至断生，捞出，沥干。

3 沸水锅中倒入鸭肉，汆去血水，撇去浮沫，捞出鸭肉，沥干水分。

4 砂锅中注水煮沸，倒入汆过水的鸭肉，淋入料酒，撒上蒜末、姜片，煮沸后用小火煮30分钟。

5 放入面条，转中火煮约3分钟至面条熟软，加入盐、鸡粉，拌匀至入味。

6 关火后取下砂锅，放入上海青、葱段。

四季豆芦笋三明治

● **原料**

白吐司4片，芦笋、四季豆各4根

● **调料**

芝士2片，橄榄油、盐各适量

● **做法**

1 锅中倒入水烧开，放入芦笋、四季豆，加入盐，焯一会儿后捞出，放置到不烫手时去根，切成2段。

2 在2片吐司上分别放上芝士，交替摆放芦笋和四季豆，再分别跟另外2片吐司片夹紧。

3 往平底锅中倒入橄榄油加热，摆上夹好的吐司，上面放上锅铲压住，中低火煎约3分钟，煎出焦色时翻面，再煎2分钟，盛出，放在砧板上，沿对角线对半切开即可。

【美味秘诀】

焯芦笋、四季豆时，放入少许盐，可让其颜色翠绿。选购芦笋时，应以全株形状正直，表皮鲜亮不萎缩，细嫩新鲜者为宜。

【营养加分】

芦笋中含有大量人体所需的矿物质，如钙、磷、钾、铁、锌、铜、锰、硒、铬，这些元素在芦笋中的比例适当，能很好地为人体所吸收。四季豆富含蛋白质，常食可以增强人体的免疫力。

鱿鱼蔬菜饼

● **原料**

去皮胡萝卜90克，鸡蛋液50克，鱿鱼80克，生粉30克，葱花少许

● **调料**

盐1克，食用油适量

【美味秘诀】

倒入生粉中的清水约 150 毫升即可；优质的鱿鱼体形完整，呈粉红色，有光泽，体表略现白霜，肉肥厚，半透明，背部不红。

● **做法**

1 洗净去皮的胡萝卜切碎；洗净的鱿鱼切丁。

2 取一空碗，倒入生粉、胡萝卜碎，放入鱿鱼丁，加入鸡蛋液，倒入葱花，搅拌均匀。

3 倒入适量清水，搅拌均匀，加入盐，搅拌成面糊，待用。

4 用油起锅，倒入面糊，煎约3分钟至底部微黄，翻面，煎至两面微黄。

5 盛出放凉，切小块，将切好的鱿鱼蔬菜饼装盘即可。

【营养加分】

鱿鱼的脂肪含量几乎为零，与贝类一样富含蛋白质，可以增强免疫力，帮助身体发育。胡萝卜富含保护视力的胡萝卜素，孩子可以经常吃。将鱿鱼和胡萝卜搭配鸡蛋，摊成饼，营养不减，美味更佳。

苹果猕猴桃蜂蜜汁

● **原料**

苹果半个，猕猴桃1个

● **调料**

蜂蜜少许

● **做法**

1 苹果洗净，去皮去核，切丁。
2 猕猴桃去皮，切小块。
3 将猕猴桃和苹果放入榨汁机中榨汁。
4 将果汁倒入杯中，加入蜂蜜拌匀即可。

【美味秘诀】

猕猴桃以表面光滑无皱、果脐小而圆、果毛细的为佳。个别孩子会对猕猴桃产生过敏反应，第一次食用时，应注意观察孩子食用后的反应。

【营养加分】

猕猴桃含有大量的维生素C和抗氧化物质，是天然的免疫辅助剂，能够增强人体免疫功能。另外，其中含有肌醇，肌醇对于预防抑郁症有一定疗效，可以让小学生健康快乐地成长。

鸡蛋煎馒头套餐

● **原料**

馒头150克，鸡蛋50克，银耳10克，红枣20克，莲子15克，莲藕250克，荷兰豆、胡萝卜各50克，黑木耳10克，卤鸡肝80克

● **调料**

盐、冰糖、食用油各适量

● **做法**

鸡蛋煎馒头

1 将鸡蛋洗净后打入碗中，加入适量盐，打散；馒头切片，待用。

2 平底锅烧热，刷上少许食用油。

3 馒头片蘸上蛋液后放入平底锅中，煎至两面金黄即可。

红枣莲子银耳羹

1 将银耳洗净后放入清水中泡软，也可提前一晚泡软。

2 将红枣、莲子洗净，与银耳、冰糖一起放入炖锅里炖熟即可。（也可以预约在电饭煲里，煮熟即可。）

荷塘小炒

1 将莲藕洗净后去皮，切成薄片；胡萝卜洗净后切片；黑木耳洗净后泡软；荷兰豆洗净，待用。

2 锅中注入适量清水烧开，放入莲藕片、荷兰豆、黑木耳、胡萝卜片焯1分钟，捞出沥干。

3 平底锅中放入少许食用油，倒入焯好的莲藕、荷兰豆、黑木耳、胡萝卜一起翻炒熟，调入少许盐后即可出锅。

卤鸡肝

将卤鸡肝放入微波炉中，加热后即可。

【营养加分】

荷塘小炒这道菜里包含了好几种食材，是一道色彩鲜艳的蔬菜，且营养全面。鸡肝含有丰富的铁和维生素A，一个月食用2~3次动物内脏，能为孩子提供身体必需的营养素，增强免疫力。

煎牛排套餐

● **原料**

牛排300克，土豆120克，秋葵50克，口蘑100克，圣女果适量

● **调料**

盐、食用油、胡椒碎各适量

● **做法**

煎牛排＋秋葵＋口蘑

1 将牛排洗净后，两面抹上少许盐；将秋葵洗净后切段；将口蘑洗净后切小块，待用。

2 平底锅烧热后放入少许食用油，放入牛排、秋葵段和口蘑，将牛排煎至喜欢的成熟度即可；秋葵、口蘑煎熟后装盘。

3 将煎好的牛排表面撒上胡椒碎。

煮土豆

将土豆洗净后对半切开，放入蒸锅中蒸熟，放凉去皮后即可食用。

圣女果

搭配一些圣女果。

【营养加分】

这是一款比较西式的早餐，有主食、肉、蔬菜水果。土豆做主食，与煎好的牛排一起食用，能增强体质。土豆和牛肉有很强的饱腹感，混合性食物在体内排空的时间在3~4小时之间，足以支撑孩子一上午的精力。

紫菜寿司套餐

● **原料**

米饭、排骨、胡萝卜、黄瓜、鸡蛋各50克，肉松、海带各20克，雪梨1个，百叶、紫菜、香菜、葱花各适量

● **调料**

寿司醋、芝麻油、盐、食用油各适量

● **做法**

紫菜包饭

1 将鸡蛋打散；将黄瓜、胡萝卜洗净后切条，待用。

2 平底锅中放入少许食用油，将鸡蛋淋入锅中摊成蛋皮，取出后切成条状。

3 将紫菜铺在寿司帘上，米饭中倒入寿司醋拌匀后取出铺在紫菜上，铺满。

4 将黄瓜条、胡萝卜条、蛋皮、肉松依次放在紫菜上，借助寿司帘将其卷紧，然后切段即可。

海带排骨汤

1 将排骨洗净，放入沸水锅中汆去血水，捞出沥干；海带洗净后，待用。

2 锅中注入适量清水，放入排骨、海带，煮开后调入盐、葱花即可。

香菜拌百叶丝

1 百叶洗净后切丝，放入沸水锅中汆水后沥干，放入碗中。

2 香菜洗净后切段，放入装有百叶的碗中，放入芝麻油、盐拌匀即可。

雪梨

将雪梨洗净后切丁即可。

【营养加分】

同样是米饭，包在紫菜里与盛在碗里吃，孩子的感觉是完全不一样的，简单的早餐也可以有仪式感。海带有“含碘冠军”的美称，脂肪含量较低，是一款营养价值非常高的海藻菜，不妨多给孩子吃以增强抵抗力。

牛奶麦片粥套餐

● **原料**

白萝卜、肉末、面粉各50克，酵母1克，黄瓜60克，豆干50克，燕麦片、牛奶各适量，火龙果1个

● **调料**

五香粉、盐、生抽、姜末、葱末、水淀粉、芝麻油、白糖、食用油各适量

● **做法**

牛奶麦片粥

1 锅中注入适量清水烧热，倒入备好的牛奶。

2 牛奶稍微加热后，放入燕麦片，搅拌均匀，续煮至食材熟透。

3 调入白糖出锅即可。

萝卜丝馅饼

1 将面粉加水、酵母和成面团，放置一晚上发酵。

2 将白萝卜洗净后擦丝，并拧干水分，待用；肉末中加入五香粉、盐、生抽、姜末、葱末、水淀粉一起搅拌，再放入萝卜丝一起混合均匀，即成萝卜丝馅。

3 第二天早上面团已发酵至两倍大，将面团分成小剂子，擀成中间厚边缘薄的圆面片，包上萝卜丝馅，放入刷有食用油的平底锅中煎熟即可。

黄瓜拌豆干

1 将黄瓜、豆干洗净后切丁，放入碗中。

2 放入少许盐和芝麻油拌匀即可。

火龙果

火龙果洗净后去皮切丁即可。

【营养加分】

发酵过的面团会更加清香，口感也更好，同时通过发酵还能提高面粉里营养素的利用程度，发酵后的微生物还能合成一些B族维生素，特别是维生素B_{12}。发酵的食物也容易消化，肠道健康了，孩子的抵抗力也会增强。

香蕉吐司套餐

● **原料**

酸奶120克，燕麦片10克，香蕉300克，吐司25克，银鱼20克，鸡蛋、冰草各50克，草莓2颗，葱花适量

● **调料**

花生酱1匙，黄油10克，盐、食用油、芝麻油、苹果醋、白糖各适量

● **做法**

香蕉吐司

1 香蕉洗净去皮后切成1厘米左右的厚片，待用。

2 平底锅烧热，放入吐司烘至两面金黄，盛入盘里，抹上花生酱。

3 平底锅烧热，放入黄油，待其化开后，放入香蕉片，将其煎至两面变黄。

4 将煎好的香蕉铺放在抹了花生酱的吐司上即可。

麦片酸奶

取一干净的碗，倒入酸奶，放入燕麦片，搅拌均匀后即可食用。

银鱼炒蛋

1 将鸡蛋打散，加入少许盐、葱花与洗净的银鱼一起拌匀。

2 平底锅烧热后放入少许食用油，淋入鸡蛋液滑散翻炒熟即可。

冰草沙拉

1 冰草洗净后，放入碗中。

2 取一干净的碗，放入芝麻油、苹果醋、盐、白糖搅拌均匀调成酱汁，淋入冰草中，再放2颗洗净的草莓在上面即可。

【营养加分】

银鱼中蛋白质含量高达17.2%，而且做银鱼时不用去鳍、骨，它属于整体性食物，营养价值极高，基本上没有大的鱼刺，适合孩子食用。高蛋白、低脂肪的食物，能增强孩子体质，提高免疫力。

Chapter 6

轻装上阵，消除视力疲劳

佩戴近视眼镜已经成为越来越常见的现象，
而这一现象也悄悄渗透进小学生的圈子里，
这不仅与孩子们不良的学习、生活习惯息息相关，
也与孩子们偏食，少摄取蔬果类、五谷类食物有关。
要知道，某些营养素对眼睛视力很有帮助，
爸爸妈妈们可以巧妙地从早餐着手，
为孩子们补充对视力有帮助的营养素。

导致孩子视力下降的因素

按照我国目前小学生的视力发展状况，每年定期进行1～2次健康检查，进行视力、龋齿、缺铁性贫血等常见病的筛查与矫正是必要的。

外在原因

可视光线太暗

昏暗的光线会使眼部肌肉紧张，从而降低孩子的视力。现在市面上护眼灯的种类越来越多，小学生应注意不要再在昏暗的灯光下学习和玩游戏了，只有柔和的灯光才会让紧张的眼部肌肉得到放松。

长时间对着书本或电视

眼睛长时间地集中于某个事物，比如书本或电视，会导致视力疲劳，因此，大约看书或电视40分钟后视线应离开书本或电视，休息一下，选择远眺或者看一些绿色的植物以缓解视力疲劳，预防近视。

不正确的坐姿

小学生在学习时，常会不由自主地放松自己，趴在桌子上看书，或者头低得很低，从而影响视力。一定要杜绝这种错误的坐法，调整为正确的坐姿，才能有助于视力的保护。

错误地戴眼镜

有的孩子因为爱美，在不近视的情况下，佩戴有度数的美瞳或眼镜，这是错误的做法。无论是戴镜框或者隐形眼镜都要在医院做专门的验光和角膜测试，以确保佩戴的正确性，对于正在发育的小学生来说，有色美瞳会伤害眼角膜，最好成年后再考虑偶尔戴一戴。

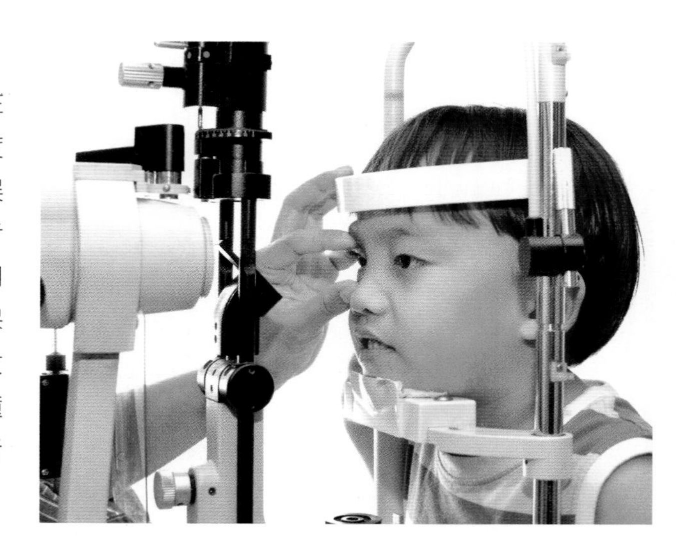

内在原因

维生素A

又称“视黄醇”、抗干眼病维生素，可以缓解眼睛疲劳。其分为两类，一类是植物性食物的维生素A源，主要存在于绿叶菜类、水果中；一类是动物性食物的维生素A，主要存在于动物肝脏、奶制品中。

推荐食物：动物肝脏、鱼肝油、全奶、蛋黄、菠菜、胡萝卜、韭菜、杏、香蕉等。

维生素C

维生素C在眼部中的含量比在血液中高出数倍。随着年龄的增长，眼部中的维生素C含量明显下降，导致晶状体营养不良，久而久之会引起晶状体变性。

推荐食物：草莓、上海青、西红柿、橘子、柠檬等。

B族维生素

尤其是维生素B_2，如果缺乏维生素B_2则容易出现角膜毛细血管增生、眼睑炎、视力下降等情况。

推荐食物：动物肝脏、蛋类、奶类等。

花青素

花青素这种抗氧化剂可以增强夜间视力，减缓眼睛黄斑的退化。

推荐食物：西蓝花、萝卜、蓝莓等。

蛋白质

视网膜上的视紫质由蛋白质构成。缺乏蛋白质，视紫质合成不足，则易出现视力障碍。

推荐食物：牛奶、豆浆、豆腐、鸡蛋、猪肉、牛肉等。

小贴士　小动作、大作用

双手搓热，贴眼睛上：将双手互相摩擦，搓热后熨贴双眼，反复20次；用食、中指轻轻按压眼球及周围。

按揉眼皮:将双手拇指轻轻按在两侧眼皮上。顺、逆时针各揉20次。

按摩眼球：双目轻闭，眼球呈下视状态。用食指和中指指腹置于上眼皮上端，指背贴着上眼眶，食、中指交替按压眼球上边缘。按摩约8分钟后向远处眺望一小会儿，休息一下效果更好。

营养课堂

蜂蜜蒸红薯

● 原料

红薯300克

● 调料

蜂蜜适量

【美味秘诀】

红薯放凉后再淋上蜂蜜，可使成品口感更佳。

● 做法

1 将洗净去皮的红薯修平整，切成菱形。
2 把切好的红薯摆入蒸盘中，备用。
3 将蒸锅上火烧开，将红薯放入蒸盘。
4 盖上盖，用中火蒸约15分钟至红薯熟透。
5 揭盖，取出蒸盘。
6 待红薯稍微放凉后浇上蜂蜜即可。

【营养加分】

红薯含有丰富的膳食纤维、多种维生素和矿物质，可以有效增强肝脏和肾脏的功能，从而达到保护眼睛的功效。红薯淀粉含量很高，可以补充人体所需的营养物质。

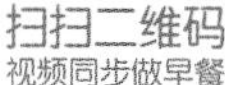

胡萝卜南瓜粥

● 原料

水发大米80克，南瓜90克，胡萝卜60克

● 做法

1 将洗好的胡萝卜切成粒。

2 将洗净去皮的南瓜切成粒。

3 砂锅中加入适量清水烧开，倒入洗净的水发大米，拌匀，放入切好的南瓜粒、胡萝卜粒，搅拌均匀。

4 盖上锅盖，烧开后用小火煮约40分钟至食材熟软，持续搅拌一会儿，关火后盛入碗中即可。

【美味秘诀】

若不喜欢胡萝卜的味道，可将胡萝卜焯一下水，会减弱其味道。

【营养加分】

胡萝卜富含维生素以及大量胡萝卜素，有保护眼睛的作用。南瓜富含胡萝卜素和锌，不仅对视力发育有益，还可以缓解小学生厌食的问题。两者合用可更大程度地发挥其保护眼睛的作用。

山药枸杞小米粥

● 原料

山药、小米各50克，枸杞5克

● 做法

1 将枸杞、小米洗净。
2 山药去皮洗净后切小块。
3 将小米、山药、枸杞、水放入锅中。
4 大火烧开后，改小火；熬制半小时，关火即可。

【美味秘诀】

上过色的枸杞摸起来会有一种黏黏的感觉。枸杞粒大饱满为上品，上品口感好，无苦味、涩味。

【营养加分】

枸杞含有丰富的胡萝卜素，维生素B_1、维生素B_2、维生素C，钙、铁等眼睛健康所必需的物质，可以帮助孩子远离眼疾的困扰，使眼睛达到正常标准。枸杞中的甜菜碱可以帮助肝脏排毒，很好地保护孩子的肝脏器官。

桑葚粥

● **原料**

桑葚干6克，水发大米150克

● **做法**

1 将砂锅中注入适量清水烧开，放入洗净的桑葚干。

2 盖上盖，用大火煮15分钟，至其析出营养成分。

3 揭开盖，捞出桑葚干。

4 倒入洗净的大米，搅散。

5 盖上盖，烧开后用小火续煮30分钟，至食材熟透。

6 揭开盖，把煮好的桑葚粥盛出，装入碗中即可。

【美味秘诀】

制作此粥时应不时用勺搅拌，以防止粘锅；选购桑葚要选紫红色或紫黑色的，并且没有汁液流出的果实；桑葚不易保存，建议现买现吃。

【营养加分】

桑葚富含亚油酸、油酸、硬脂酸等不饱和脂肪酸，是小学生大脑、神经系统和体格发育必需的营养物质。小学生常食桑葚可以促进血红细胞的生长，防止白细胞的减少，常食桑葚还可以明目，缓解眼睛疲劳干涩的症状。

胡萝卜芥菜饭卷

● **原料**

猪肉末50克，鸡蛋50克，洋葱30克，胡萝卜20克，米饭160克，芥菜、海苔各少许

● **调料**

盐、鸡粉各2克，料酒3毫升，食用油适量

● **做法：**

1 芥菜、洋葱、胡萝卜分别洗净切粒，待用；鸡蛋打入碗中，搅散、调匀，制成蛋液。

2 起油锅，倒入蛋液，翻炒至熟，盛出备用。

3 起油锅，倒入肉末，淋入少许料酒，倒入洋葱、胡萝卜翻炒，倒入米饭，快速翻炒。

4 放入鸡蛋、芥菜，加入适量盐、鸡粉炒匀调味，盛出。

5 取一张海苔铺于案板上，洒上少许清水，盛出制好的馅料，放在海苔上，铺平。

6 卷起海苔，用力压紧，制成海苔卷，再分切成小段即可。

【美味秘诀】

卷好的海苔卷最好压一会儿再松开，这样切的时候不容易散开。

【营养加分】

芥菜中B族维生素、维生素C的含量都很丰富，而且含有胡萝卜素和丰富的膳食纤维，因而有明目和通便的作用。

猪肝杂菜面

● **原料**

乌冬面250克，猪肝片100克，韭菜10克，冬菜少许，高汤400毫升

● **调料**

盐、鸡粉各2克，生抽4毫升

● **做法**

1 将洗净的韭菜切小段。

2 将锅中注入清水烧开，放入猪肝片，汆去血水。

3 将锅中注清水烧开，放入乌冬面，轻轻搅拌，煮约5分钟，至面条熟透后，捞出。

4 将炒锅置火上，倒入高汤，撒入备好的冬菜，加入少许盐、鸡粉，淋入适量生抽，拌匀调味。

5 倒入汆过水的猪肝片，用大火略煮一会儿，放入韭菜段，拌匀，煮至断生。

6 关火后盛出汤料，浇在面条上即成。

【美味秘诀】

新鲜的猪肝呈褐色或紫色，用手按压坚实有弹性、有光泽，无腥臭异味；猪肝是动物的排毒系统，一般会有大量的毒素堆积，因此，在猪肝加工做菜前，最好将其在水龙头下冲洗5~10分钟，然后用盐水浸泡半小时左右。

【营养加分】

猪肝中含有大量蛋白质、脂肪、维生素A、维生素B_1、维生素B_2、维生素B_{12}、维生素C、烟酸以及微量元素等营养成分，食用猪肝有利于保护小学生的视神经。

鸡肝蒸肉饼

● 原料

里脊肉30克，鸡肝1只，嫩豆腐1/3块，鸡蛋50克

● 调料

生抽、盐、白砂糖、淀粉各适量

● 做法

1 将豆腐放入滚水中煮2分钟，捞起沥干水后压成蓉。

2 鸡肝、里脊肉洗净，抹干水剁成末。

3 将里脊肉、鸡肝、豆腐同盛入大碗内，加入鸡蛋白、调味剂拌匀，放在碟内，做成圆饼形，蒸7分钟至熟即可。

【营养加分】

鸡肝中的维生素A含量非常丰富，能保护眼睛，使孩子维持正常的视力，防止眼睛过度疲劳。

【美味秘诀】

选购鸡肝首先要闻气味，新鲜的是扑鼻的肉香，变质的会有腥臭等异味；健康的熟鸡肝有淡红色、土黄色或灰色三种。

菠菜牛肉卷

● **原料**

菠菜、牛里脊各100克，虾皮15克，春卷皮适量

● **调料**

姜末少许，盐少许，橄榄油适量，柠檬汁、蜂蜜各少许

● **做法**

1 将菠菜洗净，放入沸水焯一下，挤干水分后切末备用；将虾皮洗净，切碎。

2 将牛里脊洗净剁成肉馅，与菠菜、虾皮、盐、姜末拌匀做成馅。

3 取适量肉馅包入春卷皮中，制成春卷；将蜂蜜中挤入适量的柠檬汁拌匀制成柠檬蜂蜜汁。

4 锅中热油，将春卷放入，以中小火炸至表面呈现金黄色捞出，用厨房纸吸去多余油分，蘸柠檬蜂蜜汁食用。

【美味秘诀】

在做菠菜等草酸含量较高的蔬菜前，应先将蔬菜焯水，将绝大部分草酸去除，然后再烹饪，就可以放心食用了。

【营养加分】

菠菜中所含的胡萝卜素在人体内转变为维生素A，能维护正常的视力和上皮细胞的健康，增强预防传染病的能力，促进小学生生长发育；其所含的维生素C可促进神经系统物质的合成，可以帮助脑神经正常运转，使脑组织细胞更坚固。

胡萝卜蛋饼套餐

● 原料

胡萝卜、面粉、鸡蛋各50克，洋葱、红椒、黄椒各25克，猪肝30克，蓝莓60克，牛奶250毫升，姜丝适量

● 调料

盐、食用油、料酒、淀粉各适量

● 做法

胡萝卜蛋饼

1 将胡萝卜洗净后擦丝，与面粉、鸡蛋、盐、水一起调成面糊。

2 平底锅烧热后放入少许食用油，淋入面糊，将其摊成小圆饼即可。

洋葱彩椒炒猪肝

1 将洋葱、红椒、黄椒洗净后切小块，待用。

2 将猪肝洗净后切片，然后淋入料酒浸泡约10分钟后取出，加入盐、姜丝和淀粉抓匀。

3 平底锅烧热，放入少许食用油，放入猪肝滑炒后盛出。

4 锅内留少许食用油，放入洋葱块、红椒块、黄椒块、盐煸炒一会儿后，再放入猪肝，翻炒至熟后盛出即可。

牛奶＋蓝莓

早餐再给孩子搭配一杯牛奶和适量的蓝莓，满足孩子的营养需求。

【营养加分】

胡萝卜和彩椒里都含有丰富的胡萝卜素，在身体里会转化成维生素A。猪肝本身维生素A的含量也比较高，牛奶里的维生素A、维生素D都很丰富，还有蓝莓里的花青素，都是眼睛喜欢的营养素，常吃有助于保护孩子的视力。

扫扫二维码
视频同步做早餐

narrative.
of his own
included a
riding on a
the power and the
Health

馒头汉堡套餐

● **原料**

全麦馒头100克，里脊肉80克，黑米25克，山药50克，杏鲍菇50克，红枣、生菜、桑葚各适量

● **调料**

盐、胡椒粉、椒盐粉、食用油、白糖或蜂蜜各适量

● **做法**

馒头汉堡

1 将全麦馒头切片后加热；将生菜洗净，并用厨房纸巾擦干，待用。

2 将里脊肉洗净后切厚片，放入盐和胡椒粉腌渍片刻。

3 将平底锅里放入少许食用油，放入里脊肉片煎熟后取出。

4 取两片馒头片，夹上里脊肉、生菜即可。

椒盐杏鲍菇

1 将杏鲍菇洗净后切成0.5厘米厚的片，待用。

2 将平底锅中放入少许食用油，放入杏鲍菇片煎至两面微黄，出汁后盛出装盘，撒上椒盐粉即可。

黑米山药糊

1 将黑米洗净后，提前浸泡一晚上。

2 将山药洗净去皮后切丁；红枣洗净后去核，待用。

3 将黑米、红枣、山药丁一起放入豆浆机中打成糊，加少许白糖或蜂蜜即可。

桑葚

搭配一些桑葚。

【营养加分】

眼睛长时间工作时需要充分的血液供应，而全麦馒头中有丰富的B族维生素，黑米和桑葚中含有花青素，这些营养素不仅能帮助预防脂肪氧化，也能帮助维护眼部血管的健康。

奶香全麦蛋饼套餐

● 原料

牛奶120毫升，全麦粉40克，鸡蛋50克，红椒、黄椒、苦菊、草莓各适量，南瓜、土豆各50克，洋葱60克，西蓝花250克，虾仁30克，蒜片适量

● 调料

淡奶油10毫升，黄油10克，盐、芝麻酱、胡椒粉、食用油各适量

● 做法

奶香全麦蛋饼

1 将红椒、黄椒洗净后切条；苦菊洗净后待用。

2 取一干净的大碗，放入全麦粉，打入鸡蛋，放入牛奶和盐，不停搅拌成面糊。

3 平底锅内放入少许食用油，将面糊放入平底锅中，摊成饼。

4 取出薄饼，抹上一层芝麻酱，放入红椒条、黄椒条、苦菊卷起即可。

南瓜奶油浓汤

1 洋葱洗净后切丝；土豆、南瓜洗净后去皮切块，待用。

2 将黄油放锅里待其化开，然后放入洋葱丝，炒香后再放入土豆块、南瓜块翻炒。

3 加水煮熟后，放入搅拌机中，加入淡奶油搅打成浓汤即可。

西蓝花炒虾仁

1 西蓝花掰小朵然后洗净，放入沸水锅中焯 2 分钟后捞出沥干，待用。

2 将虾仁洗净后，挑去虾线，放入盐和胡椒粉腌渍片刻。

3 平底锅中放入适量食用油，放入虾仁翻炒后出锅。

4 锅中留少许食用油，放入蒜片爆香后再放入西蓝花、虾仁回锅，放入盐调味即可。

草莓

搭配一些草莓。

【营养加分】

无论是水果还是蔬菜，挑选的时候都要好“色”，颜色越鲜艳的相对来说营养价值越高，尤其是绿色、橙色、红色的蔬菜。西蓝花里的胡萝卜素比胡萝卜里的含量还要高，常吃能维护眼睛视力。

煎三文鱼套餐

● 原料

百香果2个，枸杞10克，面包50克，三文鱼50克，秋葵25克，芒果1个

● 调料

蜂蜜、盐、食用油各适量

● 做法

煎三文鱼＋秋葵

1 三文鱼洗净后，抹上盐腌渍片刻；秋葵洗净切段，待用。

2 平底锅放入少许食用油，放入三文鱼、秋葵煎。

3 三文鱼两面煎至微黄时，撒盐调味即可出锅。

百香果枸杞蜂蜜饮

1 将枸杞洗净后用开水泡一会儿，待用。

2 百香果洗净后对半切开取出果肉和籽，装入杯中。

3 往杯中加入蜂蜜和温热的枸杞水混合即可。

面包＋芒果

主食为吐司面包，再搭配一个芒果。其中芒果可以切十字花刀后取芒果肉装碗。

【营养加分】

枸杞是天然食物中玉米黄素最丰富的食物，泡水或者煮粥时加一把枸杞很有益处，不过一定要把枸杞嚼烂咽下去，因为枸杞里的玉米黄素和胡萝卜素都不溶于水，只有一起吃进去才有很好的护眼作用。

GOOD
MORNING

Chapter 7

摆脱过胖或者过瘦的烦恼，吃出健康好身体

有的孩子胃口特别好，也不挑食，
但会偏好那些高脂肪、高热量的食物，
再加上平时又不怎么运动，就会变得胖胖的。
而有的孩子胃口则特别小，还挑食，
除了自己喜欢吃的那几样，
其他的都不怎么入口，便瘦瘦的，像竹竿一样……
本章针对孩子们的这两种烦恼，
为爸爸妈妈们推荐对应的营养早餐。

过胖的烦恼

胖胖的身体穿不了漂亮的花裙子，游戏时没有小伙伴跑得快，夏天动一动就浑身都是汗，小胖墩们在烦恼，妈妈们也正发愁呢！眼见着孩子越来越胖，这个食物热量高，那个太甜，那个脂肪多……究竟什么食物适合肥胖孩子食用？怎么吃才不会发胖？

孩子真的肥胖吗

儿童肥胖症是指儿童体内脂肪积聚过多，体重超过按身高计算的平均标准体重的20%，或超过按年龄计算的平均标准体重两个标准差以上，导致体内脂肪过度堆积造成的疾病。肥胖症是一种不健康的身体症状，因此应引起家长关注，并且需要及时加以改善。

孩子是胖是瘦，每个家长心里应该都有一个大致的判断。但如果想要更准确地判断孩子是否肥胖，家长可参考以下方法：

BMI（身体质量指数）法：BMI=体重（千克）/身高的平方（米^2）。

BMI值评估表

年龄（岁）	正常（BMI>）		肥胖（BMI>）	
	男孩	女孩	男孩	女孩
6	13.5~16.7	13.2~16.9	≥18.5	≥19.2
7	14.0~17.3	13.5~17.1	≥19.2	≥18.9
8	14.1~18.0	13.7~18.0	≥20.3	≥19.9
9	14.2~18.8	13.9~18.9	≥21.4	≥21.0
10	14.5~19.5	14.1~19.9	≥22.5	≥22.1
11	15.0~20.2	14.4~21.0	≥23.6	≥23.3
12	15.5~20.9	14.8~21.8	≥24.7	≥24.5

由于每个孩子的身高体重都不一样，现举例说明：

张太太的儿子小杰今年11岁，身高1.4米，体重50千克，小杰是否属于肥胖儿童呢？

按照BMI法，小杰的BMI=50/1.4^2 =25.5，查表可知11岁男孩的BMI值大于等于25.5为肥胖，我们不难发现，小杰需要减减肥了。

造成孩子肥胖的原因

遗传因素

遗传在孩子的生长发育中起着重要的作用。遗传因素不仅影响着骨骼系统的发育，而且还控制着身体能量的消耗，决定着从脂肪中消耗热量的多少。

饮食不当

营养丰富平衡的膳食能促进孩子的生长发育，但如果经常食用高热量、高脂肪、高蛋白质和低膳食纤维的食物，就会使孩子长期营养失衡，导致肥胖。此外，孩子长期挑食、偏食，膳食中缺乏微量元素，家长对孩子的过度喂养等行为都会造成孩子肥胖。

缺乏运动

孩子很少参加户外活动或体能运动，有些甚至基本不参加，这在很大程度上限制了孩子体能的消耗，再加上营养和能量摄入过剩，就会导致脂肪越积越多。

心理因素

不少孩子在精神压力大的时候，会选择大量进食食物，以此来缓解紧张，获取心理上的安慰或补偿。这种并非出于机体正常营养需要的进食行为，同样会使孩子肥胖。

预防孩子肥胖

当父母发现孩子与同龄孩子相比较为肥胖、体态较臃肿的时候，应及时带孩子去医院进行详细检查。首先要判断孩子是否属于单纯性肥胖，以排除病理性肥胖的可能；然后具体了解孩子的肥胖程度，如果属于中重度肥胖，家长应高度重视，因为中度及以上的肥胖往往伴有许多并发症，如高血压、脂代谢紊乱、脂肪肝、肝功能异常等，对孩子的成长及健康危害较大。

饮食

为了保证肥胖的孩子在减肥过程中的基本热量和营养素的供给，早餐饮食应以三低一高为主，即吃低热量、低脂肪、低糖类和高蛋白的食物，注意做到主副食搭配、粗细粮搭配，适当地增加一些粗粮，绝不能不吃主食或主食单一。

推荐食物：小米、玉米、燕麦、糙米等。

孩子的生长发育离不开蛋白质，家长要给孩子一定量的高蛋白食品，以保证蛋白质的供给量占总热量的20%～25%。

推荐食物：瘦肉、鱼类、牛奶、鸡蛋、豆制品等。

多吃蔬菜水果。蔬菜水果中富含水分和膳食纤维，体积大而热量较低，既可补充维生素、矿物质等营养元素，又能满足孩子的食欲，在增强饱腹感的同时，降低热量的摄入量，对控制体重非常有利。

推荐食物：西红柿、花菜、冬瓜、丝瓜、苹果、草莓等。

多吃高纤维食物。纤维较多的食物既能够让孩子吃饱，又能促进减肥。增加高纤维食物的摄入，既能使孩子减少饥饿感，又能防止进食的热量过高。

推荐食物：芹菜、萝卜、海带、竹笋等。

忌食高脂肪食物。儿童肥胖症患者一般会在皮下和各脏器中沉积较多脂肪，引发多种并发症。高脂肪食物很容易造成脂肪的过度堆积，为了改善孩子肥胖的症状，一定要让孩子忌食高脂肪食物，特别是动物性脂肪更要严格控制摄入量。当然，忌食高脂肪食物并不是让孩子远离脂肪，而是要将脂肪在饮食中所占的比例降低。

忌食高糖食物。人体的热量

主要来源于糖，如果人体摄入的糖过多，多余的热量就会转化为脂肪堆积在体内，从而形成肥胖。所以孩子要减少甜食的摄入，糖果、蛋糕、蜜饯、奶油、甜果汁等含糖量较高的食物需要忌食。

专家提醒

减肥误区：不吃早餐有助于减肥

早餐是一天营养所需的重要来源，能够补充人体前一晚所消耗的能量。不吃早餐会使人在午饭时出现强烈的空腹感和饥饿感，随后在不知不觉中吃下大量的食物，多余的能量就在体内转化为脂肪，从而造成肥胖。

喝水

喝水可加速体内代谢物的排泄，并能起到控制食欲的效果。早上起来喝一杯水有助于唤醒身体机能，帮助肝脏和肾脏排出废物，加速肠胃蠕动。吃饭前半小时喝少量的水，不但能够增加饱足感，起到控制食欲的效果，而且更有助于消化。下午喝水能够促进体内瘦素的分泌，增强肠道的消化功能，防止身体因为缺水而产生虚假饥饿感，从而抑制想吃东西的欲望。

运动

轻度肥胖的孩子可选择快走、慢跑、跳绳、骑自行车、打乒乓球等运动；体力较好的轻度肥胖孩子还可以选择游泳、跑步、登山等运动；但过度肥胖的孩子，刚开始可选择步行、太极等运动量小的运动，待适应后，再逐渐增加运动量。

主要以有氧运动为主，要尽量选择一些孩子平时喜欢的运动方式，在达到锻炼效果的同时兼顾趣味性。运动项目可主要以移动身体为主，如散步、游泳、踢球、跳绳、踢毽子、打乒乓球、接力跑、骑自行车等，在运动过程中还可穿插一些游戏和小型比赛，以提高孩子参加体育运动的兴趣。

不能忽视的过瘦体质

过瘦和过胖一样，都是亚健康的一种，用BMI可计算出，当体重指数BMI小于正常值（参考数据见P146）时即为不正常的过瘦体质，小孩子过瘦表明其体内的肌肉、脂肪含量过低，容易感到乏累，免疫力差，容易生病等。

孩子过瘦的原因

慢性疾病

如腹泻、消化性溃疡、乳糖不耐症等会存在胃肠消化不良的问题，营养无法吸收，孩子偏瘦，这种情况是间断性的，出现这种问题，家长尤其要注意调理好孩子的胃肠道。

不良饮食习惯

孩子厌食、挑食，如果任由其发展下去，有些食物的营养没有得到吸收，营养不均衡，自然会导致过瘦。

孩子爱吃零食或经常吃甜的点心等，不仅会影响孩子的食欲，而且到了正餐的时候会吃不下，同时也会影响食物中蛋白质的正常吸收。

遗传因素

在遗传因素的影响下，有些孩子怎么吃都不胖，吃进去的食物没有获得好的消化吸收，营养流失，体型自然偏瘦。

精神因素

学习压力大、焦虑不安、过度劳累、睡眠不足或者过度兴奋等都会导致孩子自身营养的消耗多于摄入，导致过瘦。

消瘦对孩子健康的影响

消瘦的孩子容易营养不良，且会影响智力的正常发育。

营养不良是因缺乏热量和蛋白质所致的一种营养缺乏症。在孩子生长发育的各个阶段，营养不良都会对健康和发育造成损害，尤其是在生长发育关键期受损，就会影响下一阶段的生长，有时这种影响还是终生的。

大脑的正常工作需要机体提供一定的能量，一旦体内供能不足，大脑运行就会缓慢，孩子也常常由于乏累难以集中精力思考，从而影响智力的发育。

好好调理告别消瘦

睡眠充足

保证良好而充足的睡眠，使人体的肠胃器官得到应有的休息，白天胃口会比较好，也有利于胃肠道对食物的消化和吸收。

保持愉悦的心情

小学生由于常常处于紧张的学习状态，学习压力大，甚至是超负荷的学习，这会使人越来越瘦，适当地参加一些娱乐活动，放松自己，愉快的心情有助于增肥。

适当运动

运动与人的健康息息相关，不仅肥胖的孩子需要运动，消瘦的孩子也需要运动。

与减肥的有氧运动不同，增重运动应以抗阻运动为主， 比如练习哑铃，一般来说，运动量大、时间短和爆发力强的运动都能起到增肥效果。

饮食调理

体型消瘦的人尤其要注意蛋白质的摄取，可以选择一些优良的蛋白质来源，其次宜多进食一些含脂肪、糖类较多的食物，多余的能量可以转化为脂肪储存于皮下。

推荐食物：牛奶、黄豆、鸡蛋等。

营养课堂

玉米青豆沙拉

● **原料**

玉米棒50克，圣女果50克，青豆50克

● **调料**

橄榄油、盐、白糖、醋各适量

● **做法**

1 玉米棒洗净，蒸熟，放凉。

2 青豆洗净，煮熟，捞出待用。

3 圣女果洗净，切半，装入盛有青豆的碗中。

4 取一小碟，加入橄榄油、盐、醋和白糖，拌匀，调成料汁。

5 将蒸熟的玉米棒取出，去芯，切小块，放入碗中。

6 将拌好的料汁淋在食材上即可。

【美味秘诀】

挑选玉米时，可以用手掐一下，有浆且颜色较白的为嫩玉米，浆太多的则太嫩，不出浆的则太老。保存玉米时，需将外皮和毛须去除，洗净擦干后，用保鲜膜包起来放入冰箱冷藏。

【营养加分】

玉米富含植物纤维素、维生素B_6和烟酸，可促进肠道蠕动，清除便秘，促进脂肪消耗，消除饥饿感，控制体重。玉米中含有丰富的不饱和脂肪酸，尤其是亚油酸，可与玉米胚芽中的维生素E协同作用，有降血脂和减肥的作用。

扫扫二维码
视频同步做早餐

丝瓜粥

● 原料

丝瓜50克，大米40克，虾皮适量

【美味秘诀】

丝瓜不能生吃，可炒制、煮汤等。丝瓜汁水较多，宜现切现做，以免其营养成分随水流失。烹制丝瓜宜以清淡为原则，少放油和口味重的调味料，这样制作的丝瓜既爽口嫩滑，又符合孩子的饮食特点。

● 做法

1 将丝瓜洗净，切成小块；将大米洗好，用水浸泡30分钟，备用。

2 将大米倒入锅中，加水煮成粥，将熟时，加入丝瓜块和虾皮同煮，烧沸入味即可。

【营养加分】

丝瓜的热量很低，而且所含的皂苷和黏液可促进脂肪的分解和肠道的通畅，达到降脂减肥的目的。丝瓜中含有维生素C，可促进机体的新陈代谢，有助于脂肪燃烧，适合肥胖孩子食用。

花菜香菇粥

● 原料

西蓝花100克，花菜80克，胡萝卜80克，大米200克，香菇、葱花各少许

● 调料

盐2克

【美味秘诀】

花菜最好即买即吃，即使温度适宜，最好也不要存放 3 天以上。花菜用手掰的口感较好，用刀切易碎，也不好炒。花菜焯完水后，以清水冲洗可保持脆嫩的口感。

● 做法

1 洗净去皮的胡萝卜切丁；洗好的香菇切条；洗净的花菜、西蓝花去除菜梗，再切成小朵。

2 锅中注水，倒入大米，大火煮开后转小火煮40分钟。

3 揭盖，倒入香菇、胡萝卜、花菜、西蓝花，拌匀，续煮15分钟至食材熟透。

4 放入盐，拌匀调味，关火后盛出，撒上葱花即可。

【营养加分】

花菜含水量高，所以热量低，有助于控制体重、改善肥胖。常食花菜有利于促进血液循环、提高代谢，有助于消除水肿、促进脂肪的分解。

冬瓜瘦肉枸杞粥

● **原料**

冬瓜120克，大米60克，猪肉100克，枸杞15克，葱花少许

● **调料**

盐3克，鸡粉2克，芝麻油5毫升

● **做法**

1 冬瓜去皮洗净，切小块。
2 猪肉洗净，切片，用盐抹匀略腌。
3 大米淘净，泡半小时。
4 锅中加入适量清水，放入大米，大火烧开。
5 加入猪肉片、冬瓜块和洗净的枸杞，煮至大米软烂。
6 加入盐、鸡粉，淋入芝麻油调味，撒上葱花即可。

【美味秘诀】

冬瓜的外皮很薄，所以很容易留下划痕。在挑选的时候，主要看看有没有较深的痕迹，挑选表面光滑、没有坑包的。切开的冬瓜，可以用手指轻轻碰一下，如果感觉很软，那么估计是时间稍久的了，不宜选用。

【营养加分】

冬瓜几乎不含脂肪，热量很低，且含水量高，其中的丙醇二酸可以抑制糖类转化成脂肪，防止脂肪堆积，起到减轻体重的作用。此外，冬瓜还含有膳食纤维，在促进肠胃蠕动、预防便秘的同时还能增强饱腹感，以防饮食过度而导致肥胖。

什锦糙米饭

● 原料

大米、糙米、瘦肉丝、香肠各100克，鲜香菇50克

● 调料

酱油、料酒、淀粉各适量

【美味秘诀】

糙米不易煮熟，建议烹饪前先洗干净，再用清水浸泡。但长时间浸泡可能会使其中的矿物质流失高达70%，所以浸泡时间不宜太长，2小时即可。糙米蒸煮时所需的时间比较长，所以放的水也要比一般大米多，大约是普通大米的2倍。

● 做法

1. 大米、糙米分别淘洗净；糙米用水浸泡约2小时。
2. 将瘦肉丝用料酒、酱油、淀粉拌匀腌入味；香菇去蒂洗净，切丝，焯水备用；香肠切丝备用。
3. 电饭锅中倒入适量水，放入大米、糙米煮至五成熟，放入瘦肉丝、香肠丝煮至饭熟，然后再放入香菇丝闷5分钟即可。

【营养加分】

糙米中含有丰富的膳食纤维，能与胆汁中的胆固醇结合，促进胆固醇的排出，起到降脂减肥的作用；还能刺激肠道蠕动，预防便秘，对治疗肥胖症有很好的食疗作用。糙米含有多种氨基酸、矿物质和维生素，可为小学生的生长发育提供全面、完整的营养。

草莓果酱三明治

● **原料**

吐司3片，草莓200克，食用果胶少许

● **调料**

白糖50克

【美味秘诀】

草莓皮薄易碎，不宜清洗，可用淡盐水浸泡 10 分钟，再用清水冲洗即可。草莓酱可以在周末做好。

● **做法**

1 将200克草莓洗净，切小丁，放入50克白糖浸半小时。

2 奶锅烧热，将浸泡好已经出汁的草莓丁放入奶锅中小火熬制，注意需要不断搅拌至黏稠状，如想更加黏稠可加入少许食用果胶。

3 玻璃瓶放热水中消毒，趁热将草莓酱放入玻璃瓶中，盖上盖子，放入冰箱保存。

4 取一片吐司，根据个人口味涂抹适量草莓酱。

5 将剩余吐司依次摆好，涂抹上草莓酱即可。

【营养加分】

草莓含有一种叫天冬氨酸的物质，能溶解腰部堆积的脂肪，有助于减肥。草莓富含的膳食纤维和果胶，能够帮助人体排便，从而达到减肥的功效。草莓中的维生素C含量丰富，既能预防幼儿发生维生素C缺乏症，有助于降脂减肥。

木耳黑米豆浆

● **原料**

水发黑木耳8克，水发黄豆50克，水发黑米30克

【美味秘诀】

将黑木耳放入温水中，加适量盐，浸泡半小时就可以让其快速变软；黑木耳越干越好，朵大适度，朵面乌黑但无光泽，朵背略呈灰白色的为上品。

【营养加分】

黑木耳含有一种植物性胶质，吸附力很强，可把残留在人体消化系统内的灰尘和杂质吸附，并集中起来排出体外，从而起到清胃、涤肠的作用。

● **做法**

1 将已浸泡8小时的黄豆、已浸泡4小时的黑米倒入碗中，注入清水，用手搓洗干净后沥干水分，待用。

2 将洗好的黑木耳、黄豆、黑米倒入豆浆机中，注入适量清水，至水位线即可。

3 盖上豆浆机机头，开始打浆；待豆浆机运转约20分钟后，即成豆浆。

4 把煮好的豆浆倒入滤网，滤取豆浆，倒入杯中即可。

扫扫二维码
视频同步做早餐

番茄苹果汁

● **原料**

番茄120克，苹果100克

● **做法**

1 将番茄洗净后，注入开水烫至表皮皴裂，再放入凉开水中。

2 放凉后，可剥除番茄果皮，将果肉切小块；然后洗净苹果，去皮、核，取肉切小块。

3 将切好的苹果、番茄倒入备好的榨汁机中榨出蔬果汁。

4 倒出果汁，拌匀即可。

【美味秘诀】

选购苹果时，看苹果外皮是否有条纹，条纹越多越好，越红越艳越好。苹果在室温下可存放7天左右，如果冷藏，一定要用塑料袋包起来，因为苹果产生的乙烯会加速蔬菜和其他水果的成熟腐烂。

【营养加分】

苹果所含的热量少，餐前食用可使人体摄入的热量减少，降低体内热量的积蓄，促进多余脂肪的消耗，预防脂肪的堆积。苹果含有独特的果酸，可以加速新陈代谢，减少体内脂肪的生成。苹果还富含粗纤维，能吸收大量的水分，减慢人体对糖的吸收速度，同时它还能刺激肠道蠕动，促进排便。

消瘦饮食

百合莲子粥

● **原料**

鲜百合50克，莲子30克，大米50克，枸杞少许

● **做法**

1 莲子去莲心；百合去蒂，洗净。

2 在锅中放适量清水，加入莲子大火煮至水沸。

3 将大米放入至水沸，将火调小，放入百合同煮，直至米花散开。

4 放入枸杞，再焖10分钟左右即可。

【营养加分】

莲子含有丰富的蛋白质、脂肪和糖类，钙、磷和钾的含量也非常丰富，能够促进消化吸收。

【美味秘诀】

鲜百合应该选择肉质厚、色白或呈淡黄色的。干百合应该选择干燥的。上好的莲子颜色微黄，有浓郁的香味，一把抓起来有清脆的响声。

菠萝蛋皮炒软饭

● **原料**

菠萝肉60克，蛋液适量，软饭180克，葱花少许

● **调料**

盐、食用油各适量

【美味秘诀】

新鲜的菠萝带有较重的涩味，是因为菠萝中的苷类物质对机体的刺激作用。所以食用菠萝前，可用淡盐水浸泡一会儿，洗净后既可去除这种涩味，又能改善菠萝的口感。

● **做法**

1 用油起锅，倒入蛋液，煎成蛋皮，盛出，凉凉后切成片。
2 将菠萝肉切成粒。
3 用油起锅，倒入菠萝肉，炒匀。
4 放入软饭，炒松散。
5 倒入少许清水，拌炒匀，加入盐，炒匀调味。
6 放入蛋皮，撒上少许葱花，炒匀后盛出装碗。

【营养加分】

菠萝含有柠檬酸，能促使胃液分泌，提高胃肠道的消化能力。

扫扫二维码
视频同步做早餐

生菜鸡蛋面

● **原料**

面条120克，鸡蛋50克，生菜65克，葱花少许

● **调料**

盐、鸡粉各2克，食用油适量

● **做法**

1 鸡蛋打入碗中，打散，制成蛋液。

2 用油起锅，倒入蛋液，炒至蛋皮状，盛入碗中。

3 往锅中注入适量清水烧开，放入面条，加入盐、鸡粉，拌匀。

4 盖上盖，用中火煮约2分钟，揭盖，加入食用油。

5 放入蛋皮，拌匀，放入洗好的生菜，煮至变软。

6 盛出煮好的面条，装入碗中，撒上葱花即可。

【美味秘诀】

购买生菜时，宜选择切口为白色的，避免选择切口已呈现褐色且已干燥的生菜。生菜容易残留农药，冲洗后最好用清水泡一泡。生菜用手撕成片吃起来会比刀切的脆。

【营养加分】

生菜中含有丰富的矿物质，如钙、磷、钾、钠及少量的铜、铁、锌，常吃生菜能改善胃肠的血液循环，促进脂肪和蛋白质的消化吸收，促进食欲。

扫扫二维码
视频同步做早餐

小米红豆浆

● **原料**

水发红豆40克，小米20克

● **做法**

1 将红豆、小米淘洗干净，用滤网沥干水分。

2 将红豆、小米一同放入豆浆机中，加水搅打成浆。

3 把煮好的豆浆滤出，装杯即可。

【美味秘诀】

小米宜与大豆或肉类食物混合食用，这是由于小米所含的氨基酸中缺乏赖氨酸，而大豆的氨基酸中富含赖氨酸，可以补充小米的不足。清洗小米时不要用手搓，忌长时间浸泡或用热水淘洗。

【营养加分】

与大米相比，小米中的各种营养素含量都很高。其中，小米中的脂肪含量为大米的 7 倍，维生素E为大米的 4.8 倍。膳食纤维为大米的 4 倍。小米还含有容易被消化的淀粉，很容易被人体消化吸收。

扫扫二维码
视频同步做早餐

GOOD MO

紫米黑米花生米饭套餐

● **原料**

紫米10克，黑米10克，大米15克，花生10克，肉松20克，荠菜100克，豆腐50克，胡萝卜25克，鸡蛋100克，葱花少许，奇异果1个

● **调料**

水淀粉、盐、芝麻油、食用油各适量

● **做法**

紫米黑米花生米饭

1 将紫米、黑米、大米、花生分别洗净后，一起放入电饭煲中煮成米饭。

2 将煮好的米饭放置一会儿，稍冷后，戴上一次性手套，取适量米饭在手心摊开，放上肉松并将其捏成椭圆形即可。

荠菜豆腐羹

1 将荠菜洗净后放入沸水锅中焯 1 分钟，捞出沥干后，将荠菜切小段，再剁碎；豆腐洗净后切小块，待用。

2 汤锅中放入适量水烧开，放入豆腐块，煮 3 分钟，调入盐、芝麻油。

3 放入荠菜碎轻轻搅拌，用水淀粉勾芡后即可出锅。

胡萝卜炒蛋

1 胡萝卜洗净后擦丝，待用；取一干净的大碗，打入鸡蛋，放入盐、葱花和胡萝卜丝，搅拌打散。

2 平底锅中放入少许食用油烧热，倒入鸡蛋液待其凝固后晃动锅，并用筷子将其滑散即可。

奇异果

将奇异果洗净后，用勺子挖出果肉，切丁即可。

【营养加分】

对于处在生长发育期的孩子来说，对蛋白质、维生素、矿物质等这些营养素的需求很高。豆腐虽然是植物性食物，但蛋白质含量很高，同时摄入的还有富含动物蛋白的鸡蛋。动植物蛋白相结合，营养更全面。

虾仁生菜粥套餐

● **原料**

大米25克，鸡蛋50克，面粉50克，金针菇100克，西瓜100克，韭菜、葱花、生菜、虾仁、酵母各适量

● **调料**

盐、胡椒粉、食用油、生抽各适量

● **做法**

虾仁生菜粥

1 将虾仁洗净后，放入盐和胡椒粉腌渍片刻；生菜洗净，待用。

2 大米洗净后放入锅中，加适量水，将其熬煮成粥。

3 把生菜和虾仁一起放入煮熟的粥里，调入少许盐后出锅即可。

韭菜盒子

1 前一天晚上可以将面粉加水、酵母和成面团，放置一晚上。

2 将鸡蛋打入碗中，打散；平底锅中放入少许食用油，倒入鸡蛋液翻炒熟，调入少许盐，再用锅铲将炒好的鸡蛋压碎即可。

3 韭菜洗净后切段，再切碎，放入鸡蛋碎、食用油和盐拌匀，制成韭菜馅待用。

4 将面团分成小剂子，擀成圆片，放入韭菜馅，将馅包好，捏成荷叶边。

5 平底锅中放入少许食用油，将韭菜盒子煎至两面微黄即可。

葱油金针菇

1 将金针菇洗净后，放入沸水锅中焯 1 分钟后捞出，沥干水分，放入碗中。

2 平底锅中放少许食用油，烧热后浇在金针菇上，淋入生抽，撒上葱花，拌匀即可食用。

西瓜

将西瓜洗净后切成片即可作为今日的早餐水果。

【营养加分】

虾中含有 20% 的蛋白质，是蛋白质含量丰富的食品之一，而且虾仁脂肪含量很少，也很容易消化，与生菜搭配熬成粥，味道鲜美。金针菇又被称为“益智菇”，常吃能增加孩子的智力和抵抗力。

麦片玉米片粥套餐

● **原料**

南瓜100克，糯米粉50克，黑芝麻核桃粉20克，麦片20克，玉米片10克，茭白适量，毛豆30克，瘦肉20克，奶酪1块

● **调料**

食用油、盐、五香粉、生抽、料酒、水淀粉各适量

● **做法**

麦片玉米片粥

1 汤锅里放入适量清水，煮沸。

2 放入麦片，将其煮熟后关火，再趁热放入玉米片搅拌均匀即可。

南瓜饼

1 南瓜去皮洗净后，放入蒸锅里蒸熟，放置一会儿待其冷却后，放入碗中。

2 加入糯米粉，将南瓜与糯米粉一起揉成面团，分成小剂子，用手将其按扁，包上黑芝麻核桃粉后捏扁制成南瓜饼，待用。

3 平底锅中放入少许食用油，将南瓜饼煎至两面微黄即可。

茭白肉丝炒毛豆＋奶酪

1 将茭白洗净后切丝；毛豆洗净，待用。

2 将瘦肉洗净后切丝，放入盐、五香粉、生抽、料酒、水淀粉抓匀后腌渍片刻。

3 平底锅中放入少许食用油，放入瘦肉丝，将其炒熟后盛出。

4 锅中留少许食用油，放入茭白丝和毛豆，将其炒熟后，调入少许盐，再放入瘦肉丝回锅，翻炒片刻即可。

5 推荐搭配一块奶酪，营养又美味。

【营养加分】

一道爽口的小菜，能开启早上的好胃口，吃得舒服，才能带来一天好心情，白绿相间的茭白毛豆加肉丝鲜香美味。奶酪是牛奶发酵和浓缩而成的，钙含量是牛奶的几倍，它所含的脂肪也比牛奶高，适合生长发育期尤其偏瘦的孩子。

山药红枣莲子粥套餐

● **原料**

饺子皮6张，胡萝卜25克，绿豆芽50克，山药20克，红枣15克，莲子10克，大米25克，银鳕鱼100克，韭菜适量，苹果1个

● **调料**

食用油、盐、料酒、姜丝各适量

● **做法**

山药红枣莲子粥

1 将山药去皮洗净后切小块；将红枣、莲子分别洗净，待用。

2 大米洗净后放入锅中，放入山药块、红枣、莲子一起熬煮成粥即可。

春饼

1 将胡萝卜洗净后切丝；韭菜洗净后切段；绿豆芽择洗后，待用。

2 将饺子皮刷油后铺放在锅中，放入蒸锅里蒸熟，待用。

3 平底锅中放入少许食用油，放入胡萝卜丝、韭菜段、绿豆芽一起翻炒熟，加盐调味。

4 用蒸熟的饺子皮包上炒好的蔬菜即可食用。

蒸银鳕鱼

1 将银鳕鱼洗净后，放入料酒、盐抹匀，腌渍片刻即可。

2 将银鳕鱼放入蒸锅，放上姜丝，将其蒸熟后即可食用。

苹果

搭配一个苹果。

【营养加分】

多数偏胖的孩子爱吃肉不太爱吃蔬菜，春饼看上去是一道主食，其实里面包的蔬菜很多。韭菜、胡萝卜、绿豆芽不仅口感好，还含有丰富的纤维。鳕鱼含有丰富的蛋白质、大量的维生素A、维生素D等，对于偏胖的孩子可用鱼代替肉的摄入。

什锦烧卖套餐

● 原料

糯米50克，香菇10克，香肠50克，青豆10克，胡萝卜25克，饺子皮3张，丝瓜200克，鸡蛋50克，冬笋、荷兰豆各30克，哈密瓜适量

● 调料

食用油、盐、生抽、老抽各适量

● 做法

什锦烧卖

1 将糯米洗净后，加入适量清水，放入电饭煲中煮成糯米饭。

2 将香菇、胡萝卜分别洗净后切丁；香肠切丁；青豆洗净后待用。

3 平底锅中放入少许食用油，放入香肠丁煸炒一会儿后，再放入胡萝卜丁、香菇丁、青豆一起炒匀，调入少许盐，放入糯米饭，加入生抽、老抽后一起翻炒均匀即可。

4 把炒好的糯米饭包在饺子皮里捏紧，放入蒸锅中蒸熟即可。

丝瓜蛋汤

1 丝瓜去皮洗净后切片，待用。

2 汤锅中放入适量清水烧开后，放入少许盐和食用油，搅拌一下，放入丝瓜片，再次沸腾后，打入鸡蛋，煮熟后即可。

冬笋炒荷兰豆

1 将冬笋洗净后切片；荷兰豆去筋，洗净，待用。

2 将冬笋片、荷兰豆分别放入沸水锅中焯水1分钟，捞出，沥干水分后，待用。

3 平底锅中放入少许食用油，放入焯好的冬笋、荷兰豆翻炒熟后，调入少许盐即可。

哈密瓜

哈密瓜洗净切片即可。

【营养加分】

软糯的烧卖配丝瓜汤，能唤醒熟睡的味蕾。冬笋和荷兰豆的组合色彩清新、清香爽口，两种食物都含有丰富的膳食纤维，有益于肠道的蠕动，维护肠道健康，保持健康体重。

Chapter 8

备战考试，旗开得胜

考试虽然不能决定人的一生，
但却是对某个阶段所学习到的知识的总结，
也是成果的验证。
因此，我们应该正确对待考试，
不必过分紧张、惊慌，
也不要轻视它，不把考试当一回事。
家长应为孩子准备营养早餐，给孩子们鼓劲，
营造一个良好的备考氛围，
让孩子们在考场上发挥良好。

临考前需注意

小学生会面临各种各样的考试，每当考试来临，有的家长比孩子还要紧张，如临大敌，觉得孩子需要好好补补身体才能顺利渡过考试这道难关。其实，大补不是必要的，日常的饮食足以维持孩子良好的身体状况，突然进补反而会对孩子身体健康不利。

不要过量进补

有些家长不惜重金为孩子购买保健补品，以期孩子能取得好成绩。殊不知，补品的食用应循序渐进，一次性大量进补，使孩子的胃肠道负担过重，极易出现腹胀、头晕、鼻出血等不良症状。其实孩子只要平时营养均衡，考试前并不需要进食补品。

保持饮食规律

需要注意的是家长们不要刻意改变孩子的考前饮食，以免突然的饮食变化引起孩子的不适。如果考前孩子的压力过大，饮食量比平时剧增，家长们也要注意控制孩子的饮食量，多陪陪孩子，鼓励孩子做运动，不要给他那么大的压力。

有些家长会在考前希望通过饮食为孩子加油打气，而给他们做平时不常吃的大鱼大肉。但是家长们应注意在添加肉类食物时，不要过于油腻，因为油腻的食物容易引起大脑血液供应不足。

适当的心理指导

越临近考试，学生的压力越大，由于心理负担过重，反而无法集中精神，严重影响学习的效率，甚至在考试的时候不能发挥正常的水平。家长们应该多关心孩子，适当地引导他们释放压力，和他们多聊聊天，以使孩子的注意力从紧张的备考状态转移出来，或者出去散散步，呼吸呼吸新鲜空气，给孩子的大脑一段放松的时间。

这些食物可以为孩子加加油

孩子备考时往往学习压力过大，精神难以集中，以致考场发挥失常。针对这种情况，妈妈可以让孩子吃一些能够提高专注力的食物；如果是压力特别大或容易紧张的孩子，则可以通过吃一些具有舒缓压力作用的食物来调养。

维生素

补充维生素可以提高专注力，其中B族维生素还可以稳定孩子的情绪，缓解压力，其与大脑的神经传导和能量转换作用紧密联系，故考前可适当地为孩子补充维生素。

推荐食物：西蓝花、香蕉、芹菜、芦笋、橘子等。

蛋白质

大脑的功能需要机体提供一定的能量才能得以维持，故小学生应该补充能量。小学生可食用粥、面等富含糖类的食物，同时也要注意蛋白质的摄取，因为蛋白质中的酪氨酸会刺激人体分泌多巴胺、肾上腺素，从而使大脑保持清醒，思路清晰，可以从容面对考试中的难题。

推荐食物：鸡肉、牛肉、鸡蛋、牛奶、酸奶等。

DHA

DHA是不饱和脂肪酸中的一种，同时也占了大脑脂肪的1/4，存在于大脑皮质负责学习、记忆、理解的皮质中。由于人体无法自主合成DHA，故需要从食物中获取，鱼类为其主要来源，临考前为孩子添加鱼类食物，可提高孩子的记忆力。

推荐食物：鲢鱼、黄鱼、鳝鱼、带鱼、虾仁等。

专家提醒

不要空腹应试

有些学生在考试前压力过大，食欲不振，常常因为没有胃口而不吃早餐便去参加考试。其实如果考试前不吃早餐，空腹应试，那么孩子在考试过程中体内的血糖浓度降低，大脑得不到充足的能量，其理解能力和记忆力随之变差，反而影响了考试。

营养课堂

海带烧豆腐

● 原料

水发海带丝100克，北豆腐1块，熟豌豆丁30克，高汤适量

● 调料

芝麻油、盐各少许

● 做法

1 取少许高汤煮沸，加入水发海带丝煮烂。
2 将北豆腐切成小块，同豌豆丁一起放入高汤锅中，小火焖5分钟。
3 滴入芝麻油，加少许盐拌匀，关火后装入碗中即可。

【美味秘诀】

食用海带前，应当先将其洗净，再浸泡，然后将浸泡的水和海带一起下锅做汤食用。这样可避免溶于水中的甘露醇和某些维生素被丢弃不用，从而保存了海带中的有效营养成分。

【营养加分】

海带中不仅含有碘，也含有蛋白质、膳食纤维、B族维生素、钙、卵磷脂等营养成分，其中卵磷脂有提神醒脑、益智健脑的作用。

冰糖香蕉粥

● 原料

香蕉2根，糯米200克

● 调料

冰糖适量

● 做法

1 香蕉去皮切段，备用。

2 将糯米淘洗干净，加入香蕉段。

3 倒入适量清水，将锅置于火上，大火烧开后转小火熬煮成粥。

4 粥成以后加入适量冰糖，搅拌均匀即可装入碗中。

【美味秘诀】

选购香蕉时，果皮颜色黄黑泛红、稍带黑斑、表皮有皱纹的香蕉风味最佳。手捏有软熟感的香蕉一定是甜的。买回来的香蕉最好悬挂起来，减少其受压面积。香蕉不宜在冰箱里存放，最好现买现吃。

【营养加分】

香蕉含有丰富的钾，能减轻疲劳，帮助人放松神经，轻松入睡。儿童常吃香蕉还能起到安抚神经的效果，对儿童的大脑发育有一定的益处。

烤鸡三明治

● **原料**

面包80克，黄椒40克，红椒40克，洋葱40克，熟鸡胸肉200克，生菜适量

● **调料**

黄油20克，芥末酱、蛋黄酱各适量

● **做法**

1 黄椒、红椒、洋葱分别洗净，切成丝；面包一剖为二；生菜洗净，沥干水分。

2 面包上抹上黄油，放入烤箱以220℃的温度烘烤1分钟，待稍微上色后将面包取出，分别抹上蛋黄酱、芥末酱，备用；熟鸡胸肉与红椒丝、黄椒丝、洋葱丝一同放入烤箱以200℃的温度烤5分钟，取出。

3 将生菜放在一片面包上，铺上红椒丝、黄椒丝、洋葱丝、鸡胸肉，然后放上生菜，盖上另一片面包即可。

【美味秘诀】

红椒丝、黄椒丝、洋葱丝也可以不用烤箱烘烤，可用少许盐、黑胡椒碎腌渍。黄椒、红椒应以大小均匀，果皮坚实，肉厚质细而脆嫩新鲜，无虫咬、黑点和腐烂现象者为上品。

【营养加分】

红椒有辛香味，其营养价值很高，除了含有丰富的胡萝卜素外，还含有维生素C，可以刺激小学生的食欲，非常适合临考前食欲不振的小学生食用。

虾仁牛油果三明治

● **原料**

吐司2片，大虾6个，牛油果半个，洗净的生菜2片

● **调料**

白酒1匙，奶油2匙，盐、胡椒、橄榄油各适量

● **做法**

1 剥掉虾壳，去虾线，洗净，沥干水分。

2 打开烤箱，将温度调至上、下火180℃，将吐司放入铺有锡纸的烤盘中，烤约2分钟。

3 锅中倒入橄榄油，中火加热后放入虾翻炒，炒至变色时倒入白酒，撒上盐、胡椒，炒匀后盛出。

4 将牛油果的果肉挖出装入碗中，再加入奶油、盐、胡椒，搅成泥。

5 取出吐司，涂上牛油果泥，在一片吐司上铺上炒好的虾仁，再放上生菜，再盖上一片吐司，对半切开，装盘即可。

【美味秘诀】

新鲜的虾身较挺，有一定的弯曲度，虾壳发亮，肉质坚实、细嫩，手触摸时感觉硬、有弹性。处理虾时，除了去壳，也一定要去除虾线。

【营养加分】

牛油果中纤维素含量很高，能清理体内多余的胆固醇和预防便秘。虾仁营养丰富，富含钙、蛋白质、钾、碘、维生素A等营养成分，而且其肉质松软、味道鲜美，还易消化。

橘子马蹄蜂蜜汁

● **原料**

橘子70克，马蹄90克

● **调料**

蜂蜜15克

● **做法**

1 马蹄去皮洗净，切丁；橘子去皮，剥成小瓣。

2 将上述材料一起放入榨汁机中榨汁。

3 加入蜂蜜，继续榨汁，使蜂蜜拌匀。

4 倒出榨好的果汁即可。

【美味秘诀】

橘子个头以中等为最佳，酸甜适中的橘子大都表皮光滑，且上面的油胞点比较细密；马蹄要选取个头大、表面光滑无破损、无任何刺激气味的。

【营养加分】

橘子汁水充足，味道甘甜带酸，富含多种维生素，特别是维生素C和维生素P，能提高人体免疫力，临考前孩子可不能生病哦!

扫扫二维码
视频同步做早餐

西蓝花芹菜苹果汁

● 原料

熟西蓝花95克，苹果70克，芹菜50克

● 做法

1 熟西蓝花切小块；洗净的芹菜切小段；洗净的苹果取果肉，切小块。

2 取备好的榨汁机，倒入熟西蓝花、苹果、芹菜。

3 注入适量纯净水，至没过食材，盖好盖子。

4 选择“榨汁”功能，榨出蔬果汁；断电后将蔬果汁倒入杯中即成。

【营养加分】

芹菜含有蛋白质、胡萝卜素、B族维生素、钙、磷、铁等营养成分，其中芹菜中含有的色氨酸有助于机体产生大脑血清素，可以维持人体积极的情绪。

【美味秘诀】

选购西蓝花时以菜株亮丽、花蕾紧密结实的为佳；若发现有开黄色花朵者，则表示已经不新鲜了。

扫扫二维码
视频同步做早餐

香菇鸡肉芦笋粥套餐

● **原料**

大米25克，鸡胸肉30克，香菇15克，芦笋25克，速冻饺子6个，黑木耳10克，黄瓜、开心果、葱花、芝麻、蒜末各适量

● **调料**

盐、胡椒粉、芝麻油、生抽、醋、白糖、食用油各适量

● **做法**

香菇鸡肉芦笋粥

1 将鸡胸肉洗净后切小片，加入盐、胡椒粉腌渍 10 分钟。

2 将香菇洗净后切丁；芦笋洗净后切丁，待用。

3 大米洗净后放入锅中，加适量清水熬煮，待白米粥九成熟时放入香菇丁和鸡胸肉片煮熟，再放入芦笋丁，调入少许盐、芝麻油、葱花、蒜末，搅拌均匀即可。

煎饺

1 将速冻饺子解冻。

2 平底锅中放入少许食用油，放入饺子将其煎至微黄，加入适量水，盖上盖子焖一会儿。

3 揭盖，撒上葱花和芝麻即可。

醋拌黄瓜木耳

1 将黑木耳洗净后，放入清水中泡发；黄瓜洗净后切小段，待用。

2 将黑木耳放入沸水锅中焯 1 分钟后，捞出，沥干水分。

3 将黄瓜段放入装有黑木耳的碗中，加入适量盐、芝麻油、生抽、醋、白糖，撒上葱花后搅拌均匀即可。

开心果

搭配一些开心果。

【营养加分】

考试前几天和考试当天，早餐都不能忽视，原则上应是开胃易消化的食物，醋拌黄瓜就很开胃。开心果含有丰富的B族维生素，能调节情绪，缓解压力。

鲜肉包子套餐

● **原料**

糯米小丸子20克，鸡蛋50克，肉末30克，面粉50克，酵母1克，芹菜200克，豆干50克，酒酿、蓝莓各适量

● **调料**

盐、五香粉、料酒、姜末、葱末、水淀粉、食用油各适量

● **做法**

鲜肉包子

1 前一天晚上可以将面粉加水、酵母和成面团，放置一晚上。

2 将肉末中加入盐、五香粉、料酒、姜末、葱末、水淀粉朝一个方向搅拌上劲，制成肉馅。

3 早上起来后，面团已发酵至两倍大，将面团分成小剂子，擀成中间厚边缘薄的圆片，包上肉馅，用手将面团捏紧，醒发10分钟后用大火蒸熟即可。

酒酿丸子荷包蛋

1 锅中放入适量清水，放入酒酿，待其烧开。

2 打入一个鸡蛋，不要翻动；放入糯米小丸子，煮至其浮起。

3 轻轻晃动小锅，等荷包蛋能移动后，用勺子将其翻面后继续煮熟即可。

芹菜炒豆干

1 将芹菜洗净后切段，放入沸水锅中焯1分钟后，捞出沥干；将豆干切片，待用。

2 平底锅中放入适量食用油，放入芹菜段和豆干片，翻炒至熟，调入盐，翻炒均匀。

蓝莓

将蓝莓洗净后装入碗中。

【营养加分】

考试时孩子易紧张，吃得好，大脑功能才会好。鸡蛋和豆干含丰富的卵磷脂，有助于增强孩子的记忆力。人体在精神紧张时会增加水溶性维生素的消耗，早上可适量吃些水果补充维生素。

GOOD MO

爱心吐司煎蛋套餐

● **原料**

肉末30克，小馄饨皮12张，吐司1片，鸡蛋50克，柠檬、菠萝各1/4块，紫菜、虾皮、红叶生菜、紫甘蓝、金枪鱼、姜末、葱末各适量

● **调料**

五香粉、料酒、水淀粉、胡椒粉各适量，盐3克，白糖5克，芝麻油2毫升，苹果醋10毫升，食用油适量

● **做法**

爱心吐司煎蛋

1 吐司用爱心模具切出爱心形状，待用。

2 平底锅中刷上一层食用油，放入吐司块，在中间爱心处打入一个鸡蛋，用小火煎熟，在蛋上面撒上盐和胡椒粉，柠檬切开，挤入少许柠檬汁即可。

鲜肉小馄饨

1 将肉末装碗，加入盐、五香粉、料酒、姜末、葱末、水淀粉，朝一个方向搅拌上劲，制成肉馅；取小馄饨皮包上肉馅，捏紧，待用。

2 取一干净的碗，放上洗净的紫菜、虾皮，加入盐、芝麻油，待用。

3 锅中放入适量清水，待其烧开后，放入包好的小馄饨，煮至其浮起。

4 舀上少许热汤放入装有紫菜、虾皮的碗中将其拌匀，再放入煮熟的小馄饨即可。

金枪鱼蔬菜沙拉

1 将红叶生菜和紫甘蓝分别洗净后掰小块，放入碗中，加入金枪鱼。

2 取一干净的小碗，放入少许盐、白糖、芝麻油、苹果醋拌匀，淋入金枪鱼蔬菜碗中，搅拌均匀即可。

菠萝

将菠萝去皮后洗净切丁。

【营养加分】

糖类能迅速为大脑提供能量，尤其考试时一定要吃饱，保证摄入足够的主食，同时摄入优质蛋白质和脂肪类食物，因为混合性食物能延长胃排空的时间，这份早餐里已经做到这一点。

海鲜蔬菜蛋饼套餐

● **原料**

绿豆10克，大米20克，面粉50克，鸡蛋50克，虾仁20克，蛤蜊肉10克，西葫芦、胡萝卜各50克，油麦菜200克，洋葱、杏仁各适量，香蕉1根

● **调料**

芝麻酱、盐、胡椒粉、食用油各适量

● **做法**

海鲜蔬菜蛋饼

1 将虾仁洗净后去虾线，放入少许盐、胡椒粉腌渍片刻。

2 取出蛤蜊肉洗净，放入清水中泡软。

3 将洋葱、胡萝卜、西葫芦分别洗净后切丝，待用。

4 把虾仁、蛤蜊肉、洋葱丝、胡萝卜丝、西葫芦丝一起放入装有面粉的碗中，打入鸡蛋，加适量清水一起调成面糊，调入盐拌匀。

5 平底锅中放入少许食用油，放入面糊将其煎成两面微黄的小饼即可。

绿豆粥

1 将绿豆、大米分别洗净后放入锅中熬煮成粥。

芝麻酱油麦菜＋杏仁＋香蕉

1 将油麦菜洗净后，焯水，放凉后切段放入盘中。

2 取一干净的碗，放入芝麻酱，加适量冷开水搅拌使其稀释后浇在油麦菜上即可。

3 可以搭配杏仁和香蕉，营养更全面。

【营养加分】

绿豆含有丰富的B族维生素，尤其在夏季还能起到解暑的作用。镁是一种能够帮助缓解压力的营养素，食物来源包括绿叶蔬菜、果仁、豆类，还有香蕉，这样的早餐组合能保证大脑供血充足、提升记忆力。

Design and quality
IKEA of Sweden

香葱花卷套餐

● **原料**

香葱花卷1个，橙子1个，西芹、黄瓜各25克，鸡翅100克，南瓜30克，洋葱20克，口蘑3个，迷你小胡萝卜1根，奶酪1块，姜丝适量

● **调料**

盐、生抽、蜂蜜、胡椒粉各适量

● **做法**

香葱花卷＋奶酪

1 主食是香葱花卷，放入蒸锅中蒸熟即可。

2 搭配一块奶酪，满足营养的需求。

蔬果汁

1 将橙子洗净后切小块；西芹、黄瓜分别洗净后切段，待用。

2 将橙子块、西芹段、黄瓜段一起放入榨汁机中榨成蔬果汁即可。

烤鸡翅＋时蔬

1 鸡翅洗净后，放入盐、生抽、蜂蜜、姜丝腌渍一会儿，待用。

2 将南瓜、洋葱洗净后切小块；口蘑洗净后切片；迷你胡萝卜洗净后对半切开，待用。

3 烤盘上铺上一层锡纸，将鸡翅、南瓜块、洋葱块、口蘑片、胡萝卜一起放入烤箱中，温度调至 200 °C 烤 25 分钟后取出。

4 在烤好后的蔬菜上面撒上盐和胡椒粉即可。

【营养加分】

考试期间应避免让孩子喝含有色素添加剂的饮料，其中含有的某些成分会干扰神经递质正常功能，不利于考试时集中注意力。自制健康果蔬汁美味又营养。奶酪富含蛋白质和钙质，早上吃一块可增强大脑活力。

Chapter 9

早餐之外的加餐，
主动为孩子准备健康零食

现在我们的饮食已经不再满足于一日三餐，
在上午十点、下午三点，
我们会吃点东西，以补充身体所消耗的能量，
形成了一日多餐的现象。
孩子们也是一样，
通过为孩子们准备健康的零食，
不仅能够解决孩子们的想吃东西的欲望，
也能及时为他们补充能量，何乐而不为呢？

孩子爱吃零食不仅仅是因为嘴馋

孩子们爱吃零食可能是每个家长都会面对的问题，那么孩子爱吃零食究竟是为什么呢，是单单嘴馋还是另有原因呢？俗话说的好：知己知彼百战不殆，想要纠正孩子吃零食的习惯还需要了解孩子的心理。

好奇

家长们都会担心孩子吃多了零食而不愿意吃饭会影响食欲，进而影响孩子们的健康成长，就会一再地去制止孩子吃零食，但是这样做反而会引起孩子的好奇心，并没有起到很好的效果，反而比较民主的家庭中孩子对零食的偏爱并没有那么高。

饱腹

正处在生长发育期的孩子每餐都会吃饱，但是相对来说消耗得快一些，对于食物的需求就会更大，有些家庭的就餐时间不固定，还会有三餐不全的情况，使得孩子们会用零食来充饥，久而久之就养成经常吃零食的习惯了。

味道

有些家长会从小注重孩子的健康问题，在添加辅食的时候就会注意方式方法和味道，孩子从小养成了比较清淡的口味，在接触一些味道较重的零食时，过酸、过甜、过辣的味道会刺激孩子的味蕾，孩子会对这些味道产生兴趣，从而养成喜欢吃零食的习惯。

好父母应该给孩子吃健康零食

我们把三餐之外所吃的食物统统都归结为零食，所以零食是一种很宽泛的概念。大多家长提起零食都会想到那些垃圾食品，因为它们会危害孩子们的健康，不利于他们的成长，所以家长们都会把它们拒之门外。其实零食同样可以是健康的食物，比如坚果、水果等。

一个人的饮食习惯是从小培养起来的，这也和环境有着很大的关系，从小培养的生活习惯会影响许久，家长在任何方面总想给孩子最好的，在零食的选择上也是如此，给孩子吃健康的零食有助于孩子养成良好的饮食习惯。

家长们并不需要着急于戒掉孩子的零食，往往越是固执地要求孩子戒掉零食，孩子们越会产生逆反心理。

首先，应该慢慢减少孩子进食不健康零食的量，然后在日常生活中要教孩子区别健康零食和不健康零食，以及告诉他们不健康零食的危害，对他们的成长会有怎样的不良影响，从生活中的点滴去影响孩子。

其次，我们要允许孩子去吃健康零食，可以给孩子准备一些健康的零食，做到适时适量。选择一些孩子喜欢的造型，或曾经和孩子喜欢吃的零食相近的口味，这样可以转移孩子的注意力，逐渐让健康零食代替“垃圾食品”。在选择上应注意选择清洁、卫生、在保质期内的食品，比如说新鲜的蔬菜水果、没有添加额外食品添加剂的低脂或脱脂奶类及其制品，以及坚果类、豆类等。

零食这样吃才健康

一定要在不影响正餐的前提下，合理选择，适时、适度、适量地食用零食。合理选择，就是要根据自身的情况选择，不能盲目地吃，选择那些健康的食品；适时、适度、适量，就是为了自身的健康。吃零食要做到心中有数、适可而止。

吃零食不要妨碍正餐

吃零食不能妨碍正餐，只能作为正餐必要的营养补充。孩子吃多了零食会影响正餐，造成偏食、厌食，甚至营养不良的状况。

胃被零食填得满满当当的，产生了饱腹感，吃正餐时就没什么食欲了。可过了一段时间，又产生了饥饿感，正餐已过，于是又大量吃零食。久而久之，消化功能就会紊乱，必然会影响到身体健康。

因此，吃零食与正餐之间至少要相隔两小时左右，且量不宜过多。

要选择新鲜、天然、易消化的食品

奶类、蔬果类，还有坚果类，都很有营养。

选择零食不要只凭个人的口味与喜好，富含营养价值及有利于健康才是首选。应该注意的是，孩子要远离膨化食品和一些不合格的烘干食品。

少吃油炸、过甜、过咸的食物

孩子最喜欢吃快餐、方便面等食物，它们偏重口感和味道。油炸、甜腻、咸味重的零食对孩子们有着相当大的吸引力。但油炸和过甜的食品含有较多的脂肪和热量，会产生肥胖的危险；咸味过重的零食会产生成年后患高血压的危险，因此应尽量少吃或不吃这类零食。

如何区分零食的“好”和“坏”

零食主要分三级。第一级是“优选级”；第二级是“条件级”，吃这些零食的时候是要考虑“条件”的，如果你已经体重超标，那么一定要适量选择“条件级”零食，这些零食可以补充一些营养，但是要注意控制量；第三级是“限制级”，这些食品偶尔尝试可以，但多吃无益。

优选级零食

水果中富含维生素C和钙、钾及膳食纤维等营养成分，这些成分对维持身体的新陈代谢、抗氧化、防衰老等方面能起到积极的作用。

坚果是一类营养丰富的食品，除富含蛋白质和脂肪外，还含有大量的维生素E、镁、钾、单不饱和脂肪酸和多不饱和脂肪酸及较多的膳食纤维，对健康有益。

奶制品包括酸奶、牛奶、奶酪、奶粉等，营养价值高、容易消化，是优质蛋白、维生素A、维生素B_2和钙的良好来源，加餐的时候来杯酸奶是不错的选择。

条件级零食

巧克力可以吃，但吃多了可能会让孩子变得肥胖、脸色不好，但这其中不包括黑巧克力。黑巧克力的糖油相对少一点儿，而且还含有很好的类黄酮类抗氧化成分，对心血管疾病的抗氧化防护能力比较强。要注意的是患有肥胖、血脂高、冠心病、胰腺及胆囊有疾病、糖尿病的人绝对不能大量吃黑巧克力，每次只能吃一小块。

鱼片和海苔是营养丰富的零食，能提供蛋白质、膳食纤维、碘等营养素，但是由于含盐量高，所以要注意摄入量。

果干如葡萄干、柿饼、无花果等，营养丰富，但是含糖量高，所以要适量食用。

限制级零食

这一级的零食以精细加工为特征，在加工过程中往往会添加不利于人体健康的添加剂，如过多的盐、糖、香精、色素、含铝的膨化剂、含反式脂肪酸的起酥油及含有亚硝酸盐的防腐剂等，这些都是“臭名昭著”的健康大敌。膨化食品更被称为“垃圾食品”，是公认的“坏”零食，要尽量少吃，最好不吃。

零食课堂

姜饼人

● **材料**

低筋面粉250克，融化的黄油50克，鸡蛋1个，肉桂粉1克，糖粉20克，红糖25克，蜂蜜35克姜粉1克

● **工具**

面粉筛、保鲜袋、饼干模具各1个，擀面杖1根，烤箱1台

● **做法**

1 在备好的碗中依次放入红糖、肉桂粉、姜粉、蜂蜜，待用。

2 将鸡蛋打散成鸡蛋液，将一半的蛋液和融化好的黄油倒入碗中。面粉过筛后，倒入糖粉、水搅拌均匀，让食材充分混合，用手和成面团。

3 把和好的面团放在干净的保鲜袋里，压成饼状，将饼状面团放进冰箱5℃冷藏1小时。

4 将面团放在案板上，用擀面杖擀成厚薄均匀的薄片，用模具压出饼干模型。

5 将压好的饼干模型放在烤盘上，将剩余的鸡蛋液刷在饼干模型表面，静置20分钟。

6 预热好的烤箱，设置上、下火170℃，将烤盘放入中层，烤13分钟左右，将烤好的姜饼人取出，摆放在盘中即可。

【美味秘诀】

烤制时间和温度可根据饼的厚度和烤箱温度自行调节。

手指饼干

● **材料**

低筋面粉95克，细砂糖60克，蛋白、蛋黄各3个，糖粉适量

● **工具**

电动搅拌器、长柄刮板、裱花袋、面粉筛各1个，剪刀1把，烤箱1台

● **做法**

1 将蛋白倒入容器中，用搅拌器打发，加入30克细砂糖，打至六成发，即成蛋白部分。

2 另取一个大碗，放入蛋黄、30克细砂糖，快速打发至发白浓稠状，即成蛋黄部分。

3 低筋面粉过筛至蛋白部分中，用刮板搅匀。

4 将一半的蛋白倒入蛋黄部分，搅拌均匀，再倒入剩下的蛋白部分，拌匀。

5 将面糊装入裱花袋里，用剪刀将裱花袋尖端剪一个小口。

6 在铺有高温布的烤盘上挤入面糊，呈长条状，注意留出缝隙，用筛网将糖粉过筛至生坯上。

7 放入烤箱中层，温度设置160℃，烤10分钟，至表面金黄即可。

【美味秘诀】

蛋白一定要打到干性发泡的程度。

曲奇饼干

● **材料**

黄油65克，盐0.5克，糖粉20克，细砂糖15克，低筋面粉90克，杏仁粉10克，鸡蛋25克

● **工具**

电动打蛋器、烤箱各1台，裱花袋、裱花嘴、晾网各1个，锡纸1张，橡皮刮刀1把，筛网1个

● **做法**

1 黄油软化后加入盐、糖粉，用电动打蛋器搅拌均匀。

2 分两次加入细砂糖，用电动打蛋器搅拌均匀。

3 分次加入鸡蛋液，用电动打蛋器搅拌均匀，待每次鸡蛋液被黄油完全吸收再加入下一次。

4 分次筛入低筋面粉与杏仁粉，用橡皮刮刀以切拌的方法拌匀，至看不到干粉即可。

5 烤箱预热，烤盘铺上锡纸；将裱花嘴装入裱花袋中，再把面糊装入裱花袋中。

6 在烤盘上挤出花型一致、大小均等的曲奇。

7 放入烤箱中层，上、下火170℃，烘烤20分钟左右。

8 曲奇烤好后出炉，放在晾网上放凉再装盘。

【美味秘诀】

注意裱花嘴需要和烤盘垂直并距离1厘米左右，不要紧贴着烤盘。

葡式蛋挞

● **材料**

牛奶100毫升，鲜奶油100克，蛋黄30克，细砂糖5克，炼奶5克，吉士粉3克，蛋挞皮适量

● **工具**

搅拌器、量杯、过滤网各1个，烤箱1台

● **做法**

1 奶锅置于火上，倒入牛奶，加入细砂糖；开小火，加热至细砂糖全部溶化，搅拌均匀。

2 倒入鲜奶油，煮至溶化；加入炼奶，拌匀；倒入吉士粉，拌匀；倒入蛋黄，拌匀，关火待用。

3 用过滤网将蛋液过滤一次，倒入容器中，再过滤一次。

4 准备好蛋挞皮，把搅拌好的材料倒入蛋挞皮中，约八分满即可，放在烤盘上。

5 打开烤箱，将烤盘放入烤箱中，以上火150℃、下火160℃烤约10分钟至熟。

6 取出烤好的葡式蛋挞，装入盘中即可。

【美味秘诀】

可以准备孩子喜欢的水果，切成小块，放在蛋挞上一起烤制。

香蕉玛芬

● **材料**

低筋面粉100克，鸡蛋30克，牛奶65毫升，香蕉120克，泡打粉5克，玉米油30毫升，白砂糖20克，红糖20克

● **工具**

烤箱1台，手动打蛋器、面粉筛各1个，玛芬杯4个

● **做法**

1 香蕉去皮，切几片留用，其余部分压成颗粒状或者泥状；将低筋面粉、泡打粉混合过筛。

2 鸡蛋打散加入牛奶轻轻搅拌，加入玉米油、白砂糖、红糖搅拌均匀。

3 加入到压好的香蕉泥里搅拌均匀，加入过筛的面粉，轻轻搅拌均匀。切不可太过用力和长时间搅拌。

4 将搅拌好的面糊装入玛芬杯，八分满即可，表面盖上香蕉片。

5 烤箱提前预热到170℃，中层烤30分钟，烤至蛋糕上色，膨胀开裂即可。

【美味秘诀】

香蕉用熟透的，并碾成带有小颗粒残余的香蕉泥，和牛奶混合，或和牛奶一起放入料理机打成香蕉奶昔均可。

铜锣烧

● 材料

低筋面粉240克，鸡蛋200克，食粉3克，牛奶15毫升，蜂蜜60克，色拉油40毫升，细砂糖80克，糖液适量，红豆馅40克

● 工具

搅拌器、筛网、裱花袋、三角铁板各1个，剪刀、刷子各1把

● 做法

1 将水、牛奶、细砂糖倒入大碗中，用搅拌器搅匀。

2 加入色拉油、鸡蛋，快速搅匀；放入蜂蜜，搅匀。

3 将低筋面粉、食粉过筛至大碗中，快速搅拌成糊状；将面糊倒入裱花袋中，在尖端部位剪开一个小口。

4 煎锅置于火上，挤入适量面糊，用小火煎至起泡；翻面，煎至熟即成，依此将余下的面糊煎成面皮。

5 取一块面皮，刷上适量糖液，再放入适量红豆馅，盖上另一块面皮，即成红豆铜锣烧。

6 在铜锣烧表面再刷上适量糖液即可。

【美味秘诀】

若是觉得红豆馅太黏稠，可以用牛奶稀释。

烤馍干

● 材料

馒头2个，小茴香2克，椒盐5克，黑胡椒3克，孜然5克，辣椒粉3克，食用油适量

● 工具

烤箱1台，锡纸1张，油刷1个

● 做法

1 将馒头切成均等的厚片。

2 将食用油和调料混合（想口味重一点可多放调料）。

3 烤盘垫上锡纸，将馒头片放入，再往上面均匀地刷上步骤2的调料。

4 烤箱预热，放入烤盘，中层180℃，烤10分钟后察看。

5 将颜色变黄了的馒头片翻面，再烤10分钟，翻面，烤至手捏不软即可。

【美味秘诀】

调料可依据孩子的口味任意调换。

红薯干

● **材料**

红薯500克

● **工具**

蒸锅、晾网各1个，刀1把，烤箱1台，锡纸1张

● **做法**

1 将红薯洗净后，放入蒸锅蒸30分钟左右，至红薯最厚实的部分能被筷子扎透即可；待其放凉后，剥去外皮。

2 用刀将其切为长度适中的几段，片成厚度约1厘米的薄片；将红薯片切成长条状。

3 依次放置在晾网上，放在通风处晾一个晚上。

4 烤箱预热，烤盘上铺上锡纸，把红薯条放上去，上、下火120℃烤半小时。

5 翻面90℃再烤1小时，直至红薯条变得有韧性即可。

【美味秘诀】

要挑选口感绵密甘甜的红心红薯来制作红薯干。

奶香玉米棒

● **材料**

新鲜甜玉米棒3根，黄油15克
三花淡奶200毫升

● **工具**

刀1把，锅1个

● **做法**

1 将玉米棒洗干净，用刀将玉米棒切成小段。
2 将玉米棒放入锅里，加清水，刚刚没过玉米棒即可。
3 加入三花淡奶和黄油。
4 盖上盖，大火煮开，然后改小火慢煮半小时。关火取出装盘即可。

【美味秘诀】

喜欢甜口味的，可以加适量白砂糖同煮。

盐焗腰果

● **材料**

腰果400克，盐350克

● **工具**

烤箱1台，筛网1个

● **做法**

1 将腰果用清水洗干净，再用清水浸泡5小时，沥干水分，晒24小时。

2 将腰果放入烤盘，用盐将腰果覆盖。

3 烤箱事前预热，烤盘放烤箱中层，调为160℃，烤20分钟。在烤的过程中，看见腰果变色时就要翻动，翻动2~3次。

4 将烤好的腰果倒入筛网里，把盐筛出来即可。

【美味秘诀】

烤好的腰果要注意密封保存。

糯米糍

【美味秘诀】

面团多揉会儿，口感会更有韧劲！

● 材料

芒果2个，牛奶100毫升，椰浆100毫升，糯米粉120克，椰蓉适量，糖粉35克，玉米淀粉30克，无盐黄油15克

● 工具

瓷碗、料理碗、手动打蛋器各1个，橡皮刮刀1把，保鲜膜1张

● 做法

1 将黄油隔水加热至融化。

2 将牛奶、椰浆、糯米粉、糖粉、玉米淀粉倒入碗里，用手动打蛋器搅拌均匀至无颗粒。

3 把化成液体的黄油倒进拌匀的面糊里，拌至看不到油。

4 把面糊倒到一个干净的瓷碗里，待水沸腾后大火蒸10~15分钟至熟透。

5 蒸好的糯米团刮出来放入干净的碗里，盖上保鲜膜冷却。

6 芒果切成大丁。

7 糯米团揪成一小块，揉圆压扁（中间厚，两边薄）包入一块芒果丁，捏紧搓圆。

8 最后裹上椰蓉。

酸奶冰淇淋

● **材料**

酸奶500克，芒果1个，淡奶油适量

● **工具**

料理机、不插电雪糕机、裱花袋各1个

● **做法**

1 将雪糕机放在冰箱中冷冻24小时；芒果果肉切成小块。

2 用料理机将芒果果肉搅打成芒果泥，加入淡奶油，继续搅打均匀。

3 将雪糕机从冰箱里取出，把雪糕棍垂直插入雪糕机，确保雪糕棍的头部和雪糕机的凹槽相吻合。

4 用裱花袋将酸奶挤入雪糕机1/3处，再挤入芒果泥，再挤入酸奶，注意不要超过最高刻度线。

5 耐心等待7~9分钟待凝固（如果室温过高，可以放回冰箱冷冻7~9分钟）。

6 用雪糕机自带的旋转工具，把雪糕旋转拔出来，插上自带的防滴盖即可食用。

【美味秘诀】

如果孩子不喜欢吃芒果，也可以用其他水分较少的水果代替。

香辣牛肉干

● 材料

牛肉800克，老抽15毫升，生抽5毫升，糖5克，盐5克，桂皮1小片，香叶3片，姜3片，花椒5克，料酒30毫升，五香粉1克，咖喱粉1克，辣椒粉2克

● 工具

烤箱1台，汤勺、刀各1把，陶瓷锅1个，料理碗2个

● 做法

1 将牛肉洗净，切成手指粗的条状。
2 将牛肉条放入锅中，加入冷水。
3 锅中放入香叶、桂皮、花椒、姜片、料酒。
4 烧至水开后撇去浮沫，盖上盖子继续煮30分钟左右。
5 捞出牛肉条沥干备用。
6 将老抽、生抽、糖、盐、咖喱粉、五香粉、辣椒粉混合拌匀，加入牛肉条，拌匀，冷藏腌渍1小时。
7 将牛肉干与调料汁一起倒入锅中，用小火收干汤汁。
8 烤箱预热140℃，实际烘烤130℃，烤30分钟左右即可。

【美味秘诀】

牛肉要选购没有肥肉、没有筋的。

扫扫二维码
视频同步做零食